Kynos

WERNER DAMM

Agility für Fortgeschrittene

Erfolgreich führen mit Körpersprache

KYNOS VERLAG

Konrad-Zuse-Straße 3 • D-54552 Nerdlen/Daun
Telefon: (+49)6592/957389-0 • Telefax: (+49)6592/957389-20
www.kynos-verlag.de

Fotos: Werner Damm

3.erweiterte Auflage 2012

Gedruckt in Lettland

ISBN: 978-3-942335-89-8

Inhaltsverzeichnis

Vorwort

In den mehr als zehn Jahren, in denen ich nun schon Agility betreibe, hat sich dieser schöne Hundesport sehr gewandelt: Vom anfänglichen »Just for fun« hin zum jetzigen sportlichen, athletischen und schnellen Lauf mit dem Hund. Da die Unterschiede in der Spitze zum Teil nur noch Hundertstel Sekunden betragen, ist es notwendig geworden, den Hund ohne Schlenker und große Bögen schnell, sicher und effektiv über den Parcours zu führen. Dies ist nur möglich, wenn man aus einer gewissen Distanz führt – und das wiederum geht nur mit Körpersprache.

Da über den Einsatz der Körpersprache und der speziellen Führtechnik in der Agility aber kaum Literatur vorhanden ist, erwuchs in mir der Wunsch, meine Erfahrungen aufzuschreiben. Ich habe dabei viel Wert auf einzelne Sequenzen gelegt, um dem Hundeführer und dem Trainer Möglichkeiten aufzuzeigen, wie diese zu laufen sind. Farbige Parcours und Laufwege des Hundes und des Hundeführers erklären dies anschaulich. Die teilweise aufwändigen Abläufe werden zusätzlich durch Serienbilder ergänzt.

Ich bedanke mich bei meiner Frau Christa, die mich immer wieder motiviert hat, dieses Buch zu schreiben und die viele Anregungen eingebracht hat.

Außerdem geht mein Dank an Monika, die mit ihrem Border Collie Chip und meinem Border Collie Balu für viele Fotos »Modell gelaufen« ist sowie an Kerstin mit ihrem Goldie Candy.

Ich wünsche allen Lesern viele Anregungen und Freude mit dem Buch und immer fehlerfreie Läufe. Ich freue mich auf Anregungen und Reaktionen zu diesem Buch. Positive und auch kritische Lesermeinungen sind der beste Weg, um das nächste Buch zu verbessern. Sie erreichen mich unter bc.balu@t-online.de.

Kassel, im Frühjahr 2005

Kapitel 1

Die Grundlagen

FÜHRTECHNIK UND TRAININGSGRUNDSÄTZE

Folgende Szene ist auf Agility-Turnieren häufig zu beobachten:

Im Parcours läuft ein sehr schneller Hund, die ersten drei bis vier Hindernisse werden ohne Probleme gemeistert. Dann kommt die erste Verleitung, die erste Box, das Kreuz, die Welle oder Ähnliches. Der Hundeführer ruft seinen Hund frühzeitig an und trotzdem läuft der Hund seinen eigenen Weg in das DIS (Disqualifikation). Der Hundeführer ist sauer und sucht die Schuld allein bei seinem Hund.

Bei sehr vielen Turnieren habe ich gesehen, wie Hundeführer ihre schnellen Hunde teilweise nur mit Hörzeichen über den Parcours geführt haben. Sie liefen zum Beispiel auf der falschen Seite der Hindernisse und wunderten sich, dass der Hund in das DIS lief.

Sie selbst aber waren falsch positioniert, sie hatten den Parcours nicht aufmerksam und richtig gelesen sowie nur geringen Wert auf Körpersprache gelegt.

Die Hunde werden über Hörzeichen langsam gemacht oder mit »Hier oder Fuß« zum Hundeführer gerufen. In den meisten Fällen ist dies typisch für eine falsche oder gar keine Körpersprache.

Was eigentlich Körpersprache ist und warum Hunde in erster Linie auf sie reagieren, darum soll es auf den folgenden Seiten gehen.

In der Literatur, die mittlerweile über Agility reichlich auf dem Markt vorhanden ist, wird die Körpersprache mit all ihren Facetten nur angedeutet. Keiner der Autoren geht detailliert darauf ein, obwohl sie meiner Meinung nach die wichtigste Führtechnik überhaupt darstellt.

Machen Sie NIE einen schnellen Hund langsam, sondern werden Sie stattdessen selbst schneller in Ihrer Körpersprache, Ihrem Denken und Handeln, mit Ihren Hör- und Sichtzeichen und in Ihrem Lauf.

Ich will deshalb versuchen, mit dieser Trainingsanleitung Möglichkeiten aufzuzeigen, wie man einen schnellen Hund sicher, schnell und ohne Fehler mit Hilfe der Körpersprache erfolgreich über den Parcours führen kann.

Meine Trainingsmethoden sind sicherlich nur einige von vielen. Ich erhebe deshalb nicht den Anspruch, dass meine die einzig richtigen sind.

Viele Wege führen bekanntlich nach Rom. Sie sollen aber dem Hundeführer als auch dem Trainer Möglichkeiten bieten, das Training des schnellen Hundes zu fördern und Gedankenanstöße für die Aus- und Weiterbildung geben.

Der Hund soll also so schnell wie möglich laufen, er soll den kürzesten Weg nehmen, er soll nicht vor dem Hindernis drehen oder anhalten. Nicht die tolle Geschwindigkeit des Hundes ist absolut wichtig, sondern die Zeit ist maßgebend, die er vom Start bis zum Ziel benötigt! Deshalb sind zum Beispiel weiträumige Kurven des Hundes zu vermeiden. Es muss auf Effektivität geachtet werden!

Ich gehe davon aus, dass Ihr Hund schon sämtliche Hindernisse kennt und die notwendige so genannte »Geräteakzeptanz« besitzt sowie die gängigen Kommandos aus der Unterordnung beherrscht.

Für das eigentliche Gerätetraining gibt es genug gute Literatur, in der man über die verschiedenen Trainingsmethoden detailliert nachlesen kann. Ich werde deshalb nur in einzelnen Fällen auf die praktizierten und erprobten Übungen näher eingehen.

Bei all diesen Übungen ist zu berücksichtigen, dass sowohl Hunde als auch Hundeführer unterschiedlich aufnahmefähig sind. Mehrere kurze Übungsintervalle von maximal zehn Minuten Dauer sind deshalb ideal, zwei bis drei Trainingseinheiten pro Woche mit insgesamt 10 bis 15 Sequenzen (5 bis 8 Hindernisse) sinnvoll. Wie lange man trainieren kann, wird natürlich auch von Motivation oder »Triebigkeit« des Hundes bestimmt – mit einem Border Collie beispielsweise kann man pro Einheit sicherlich etwas länger trainieren.

Das Training darf nur mit gesunden Hunden begonnen werden. Vor Trainingsbeginn muss auf jeden Fall anhand einer tierärztlicher Untersuchung festgestellt werden, dass der Hund frei von HD (Dysplasie der Hüftgelenke) ist.

Um Ihren Hund im Training optimal motivieren zu können, müssen Sie herausfinden, welche Belohnung er als besonders lohnenswert empfindet. Das kann sehr unterschiedlich sein! Manche Hunde sind sehr verspielt und lassen sich mit ihrem Lieblingsspielzeug gut motivieren.

Bei anderen (den meisten sogar) sind Leckerlis eine sehr gute Wahl, um sie bei Laune zu halten und auch schwierige Hindernisse und Sequenzen gut meistern zu lassen. Man darf es aber mit den Leckerlis nicht übertreiben – sonst wird der Hund zu dick und »geiert« im Turnier möglicherweise nur noch nach der Belohnung, anstatt sich auf den Parcours zu konzentrieren. Gibt es mal viele Leckerlis im Training, sind diese von der normalen Futterration abzuziehen.

Alles, was für den Hund angenehm ist, fördert seine Konzentration. Er möchte ja sein Ziel erreichen, zum Beispiel das Spielen mit mir oder bei mir. Die Übungen können dadurch mehrfach wiederholt werden, ohne dass der Hund schnell die Lust daran verliert. Das Lob, in diesem Fall das Spiel, darf aber nur dann gegeben werden, wenn die Ausführung korrekt war!

Das Training sollte **immer** mit einem Erfolg abgeschlossen werden. Niemals mit Frust für den Hund und Hundeführer vom Trainingsplatz gehen!

Wenn die Möglichkeit besteht, sollte das Trainingsprogramm auf Video aufgenommen werden. Beim Anschauen kann sowohl der Trainer als auch der Hundeführer in aller Ruhe, eventuell in Zeitlupeneinstellung, den Lauf beurteilen und korrigieren.

Wenn man sich selbst laufen sieht, fällt es beim nächsten Trainingslauf viel leichter, die positiven Sequenzen zu verstärken und die negativen zu verbessern.

Eine Videoaufnahme des eigenen Laufes hat schon viele Hundeführer von der Argumentation des Trainers überzeugt und sagt bekanntlich mehr als tausend Worte!

Wenn Hund oder Hundeführer im Training einen Fehler machen, sollte dieser umgehend korrigiert werden. Er hat dann keine negativen Folgen, weil er nicht mehrmals wiederholt wird und der Hund ihn sich merkt.

Einen Fehler von Seiten des Hundes sollte man am besten einfach nicht beachten, sondern stattdessen die Übung abbrechen, sofort wiederholen und den Hund für die richtige Ausführung loben.

Bei jeder Ausbildung des Hundes ist Konsequenz unbedingt notwendig. Es geht nicht an, dem Hund heute etwas zu erlauben und morgen zu verbieten oder zu Hause zu erlauben und auf dem Übungsplatz zu verbieten. Letzteres ist leider immer wieder zu beobachten!

Der Hund muss eine klare und faire Linie des Hundeführers erkennen können, um eine vertrauensvolle Basis mit ihm aufzubauen. Er muss sich auf seinen Hundeführer verlassen können. Deshalb das Training und den allgemeinen Umgang mit ihm gleichbleibend ruhig und gelassen durchführen, nicht launisch und auch nicht weich sein!

Nur Konsequenz führt zum Erfolg!

Bei allem Eifer und Ehrgeiz dürfen Sie natürlich nie vergessen, dass Ihr Hund kein Sportgerät ist. Überfordern Sie ihn nicht, gehen Sie im Training schrittweise vor und erwarten Sie nur Dinge von ihm, die Sie mit ihm auch trainiert haben.

Bei vielen Hunden wirkt sich erfahrungsgemäß eine Trainingspause von ein paar Tagen oder Wochen positiv auf Konzentration und Schnelligkeit aus.

Außerdem gilt hier wie in vielen anderen Bereichen auch, dass Qualität vor Quantität geht!

AGILITY-HINDERNISSE IM ÜBERBLICK

Die Hindernisse in der Agility lassen sich in vier unterschiedliche Gruppen einteilen:

1. **Sprunghindernisse:**
   Hürden (offen, geschlossen, Doppelhürde, Buschhürde)
   Tisch, Reifen, Mauer, Weitsprung

2. **Tunnel:**
   Flextunnel (in verschiedenen Längen und Farben),
   Stofftunnel

3. **Kontaktzonengeräte:**
   Wand, Steg, Wippe

4. **Slalom**

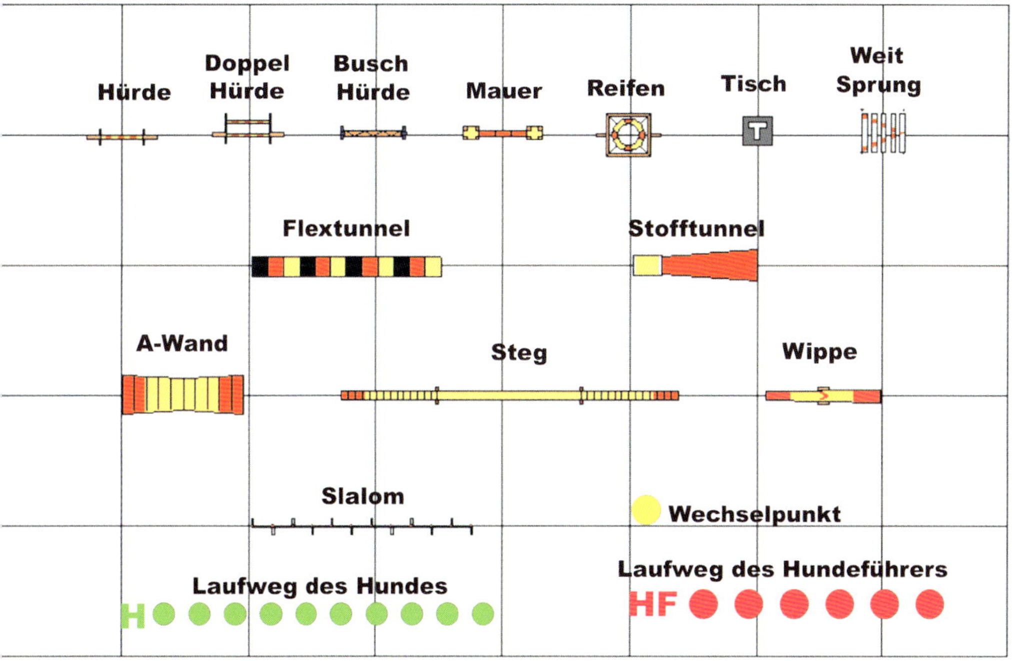

Zeichenerklärung für die Zeichnungen im Buch

KÖRPERSPRACHE

Das effektivste und sicherste Mittel, um einen Hund ohne Fehler durch den Parcours zu führen, ist der Einsatz der Körpersprache. Sie ist die Informationswiedergabe durch Ihren Körper, sie ist die Informationsvermittlung ohne Hörzeichen für den Hund. Dazu gehören beispielsweise der Einsatz der Hände, das Drehen des Körpers, das Stehenbleiben, das Vorauslaufen, die Wechsel oder Ihre Position im Parcours. Erst anhand dieser Informationen ist es dem Hund möglich, im Parcours zweifelsfrei und ohne Fehler zu laufen.

Sinn und Zweck der Körpersprache ist es, den Hund sicher auf Distanz zu führen.

Die Körpersprache wird durch Hör- und Sichtzeichen unterstützt und ergänzt. Diese helfen dem Hund zusätzlich bei seinem Lauf, sind aber nicht die Hauptsache in der Kommunikation zwischen Hundeführer und Hund.

Bis auf wenige Ausnahmen reagieren Hunde zuerst auf die Körpersprache und dann erst auf die verbalen Kommandos. Auch Hunde untereinander, genau wie Wölfe oder Dingos, verständigen sich nur durch die Körpersprache, also Körperhaltung, Körperposition, Mimik und Gestik und nicht durch Laute. Vom Welpenalter an achtet der Hund deshalb auch beim Menschen auf die Körpersprache. Die Brust des Hundeführers gibt im alltäglichen Leben für ihn die Laufrichtung an, das Drehen des Oberkörpers ist für ihn richtungweisend. Er wird durch die Körperdrehung mitgenommen und lernt schon im Alter von ein paar Wochen, die Drehung von den Schultern des Hundeführers abzulesen. Das können wir uns für die Agility wunderbar zunutze machen!

Denken Sie immer daran: Ihr Hund beobachtet Sie immer und nimmt auch die kleinsten (absichtlichen oder unabsichtlichen) Signale Ihrer Körpersprache wahr, auch wenn es Ihnen vielleicht gar nicht so scheint. Machen Sie sich deshalb die Signale Ihres Körpers bewusst, überlegen Sie sich gut, welche Körpersprache Sie wann und wo einsetzen und achten Sie darauf, dass Sie nicht versehentlich mit dem Körper das Gegenteil dessen ausdrücken, was Sie gerade mit Stimmkommando vom Hund verlangen!

Achten Sie immer darauf, dass die Signale Ihrer Körpersprache und Ihre Stimmkommandos sich NIE widersprechen!

Wenn Sie Ihren Oberkörper also nach rechts drehen und »links« rufen, ist das für Ihren Hund mehr als verwirrend. Meistens wird er in diesem Fall dem körpersprachlichen Signal folgen. Wird er dann für vermeintlichen Ungehorsam auch noch gestraft, ist das eine Riesenungerechtigkeit, denn der Fehler lag beim Hundeführer!

Hunde haben einen großen Blickwinkel (220 bis 270°), so dass sie auch in ihrem Rücken Bewegungen wahrnehmen können. Ihr Sehfeld ist dagegen relativ klein, was wir beispielsweise bei Verleitungen ausnutzen können. Hier ein Beispiel dafür:

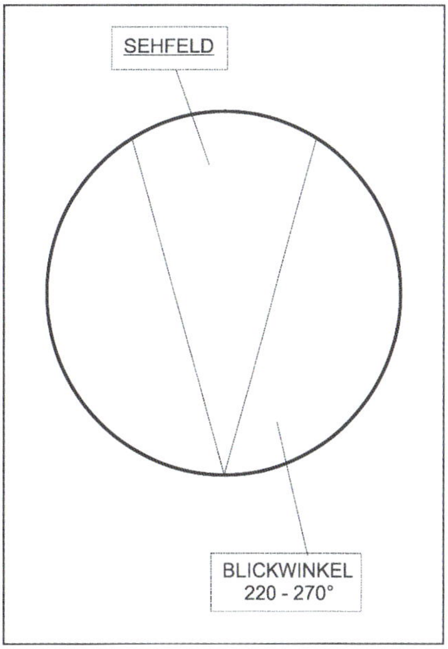

PARCOURS NR. 1
Verleitung durch rechten Tunneleingang

Von Hürde Nr. 6 an läuft der Hundeführer mit, der Hund wird rechts geführt, da er in das linke Tunnelloch laufen soll. An Hürde Nr. 8 (gelber Punkt) bleibt der Hundeführer kurz stehen und dreht die Schultern nach links, wodurch seine Brust optimal zum linken Tunneleingang zeigt. Er ruft den Hund zusätzlich mit seinem Namen an, wenn er über die Hürde 8 gesprungen ist. Er dreht sich dadurch kurz zum Hundeführer, um sich zu orientieren, wo es weitergeht. Bedingt durch sein schmales Sehfeld sieht er dann nur noch das linke Tunnelloch und kann ohne Schwierigkeiten und ohne zu drehen dort hineinlaufen.

Diese Übung wird wiederholt, bis der Hund das kurze Stehenbleiben und die Körperdrehung des Hundeführers richtig verknüpft hat. Die gleiche Übung muss mit dem links geführten Hund zur rechten Seite durchgeführt werden.

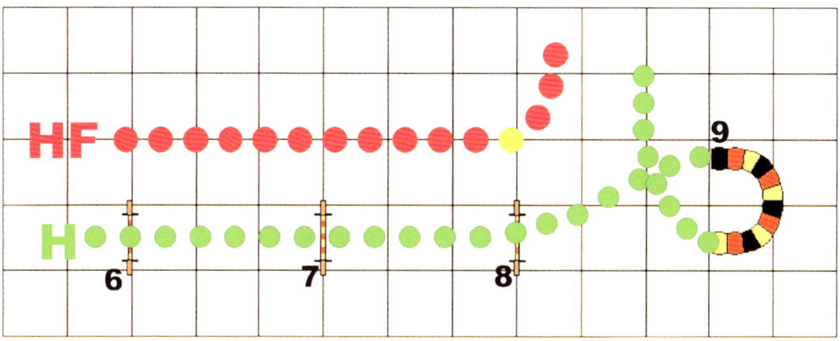

Parcours Nr. 1

Der Hund blickt also beim Überspringen oder beim Überlaufen des Hindernisses im Bruchteil einer Sekunde zum Hundeführer. Die Information der Körpersprache, die er dann bekommt, setzt er augenblicklich in die Tat um: Er läuft auf das durch die Körpersprache angezeigte Hindernis zu. Aufgrund seiner Laufgeschwindigkeit ist es dem Hund dann aber nicht mehr möglich, sich nochmals zu vergewissern, ob er die Körpersprache richtig verstanden hat.

Im Parcours ist es deshalb unbedingt erforderlich, dass Sie dem Hund **immer exakt** die Lauf- bzw. Sprungrichtung mittels Körpersprache anzeigen. Wenn dies nicht der Fall ist, kommt es zu Missverständnissen und das DIS ist dann meistens vorprogrammiert! Wenn es denn doch mal passieren sollte, dann laufen Sie weiter und machen Sie aus Ihrem Lauf einen Trainingslauf. Kontaktzonengeräte zum Beispiel sind hierbei wunderbar unter Turnierbedingungen zu üben.

Fehler macht nur der Hundeführer!
Der Hund will immer alles richtig machen!

Bemühen Sie sich also, sich in die Lage des Hundes zu versetzen. Versuhen Sie, ihn zu »lesen« und mit Hilfe Ihrer Körpersprache sauber zu führen.

Mit der Zeit lernen Sie, seine Absichten frühzeitig zu erkennen und entsprechend darauf zu reagieren. Das Gleiche gilt natürlich auch für den Hund. Er wird immer versuchen, Ihre Körpersprache richtig zu deuten, Ihre Hörzeichen richtig zu verstehen und sofort auszuführen.

Wenn die Kommunikation übereinstimmt, sind Sie auf dem besten Weg, mit Ihrem Hund ein Team zu werden und können herrliches Agility demonstrieren!

In der so genannten Freestyle-Führtechnik wird der Hund auf große Distanz zum Hundeführer nur mit Hörzeichen durch den Parcours gelenkt. Diese Führtechnik ist sehr fehleranfällig, vor allem bei Verleitungen. Sie ist nicht unbedingt zu empfehlen.

Mit der Körpersprache dagegen kann man den Hund wesentlich näher führen und hat dadurch eine bessere Kontrolle.

Der richtige Einsatz der Körpersprache im Parcours ist die »halbe Miete« auf dem Weg zum Sieg.

DIE ARBEITSDISTANZ

Die Arbeitsdistanz ist für jedes Team individuell. Sie können den Abstand des Hundes zu Ihnen mit Hilfe von Spielzeug oder Leckerli verringern beziehungsweise durch das Training des Vorauskommandos vergrößern. Beobachten Sie beim Arbeiten die Distanz zwischen Ihnen und dem Hund und versuchen Sie (eventuell mit Hilfe des Trainers), den optimalen Abstand herausfinden.

Zu nah: Der Hund legt die Ohren an, er fühlt sich unwohl. Er springt zum Beispiel aus dem Slalom oder läuft am Hindernis vorbei.

Zu weit: Der Hund ist in den meisten Fällen nur durch Hörzeichen zu führen. Dies ist sehr fehleranfällig.

DAS TIMING

Wenn Ihre Körpersprache und Ihre Hörzeichen gut aufeinander abgestimmt sind und wenn Ihr Hund und Sie gut miteinander kommunizieren, dann nennt man dies ein gutes »Timing«. Die Körpersprache und die Kommandos kommen richtig und rechtzeitig, der Hund reagiert prompt und führt diese ohne Zögern und ohne Fehler aus. Das Timing ergibt sich meist erst durch das Zusammenschweißen des Teams Hundeführer und Hund. Timing ist für jedes Team individuell!

Bis es optimal funktioniert, dauert es in der Regel mindestens ein Jahr – bei etwa 25 bis 30 Turnierteilnahmen.

Das gute Timing hängt auch von Ihrer Reaktionszeit und der des Hundes ab:

Zu spätes Kommando oder Körpersprache = falsches Hindernis
Zu früher Einsatz = Abwurf einer Stange, Aussprung aus dem Weitsprung, Absprung von der Kontaktzone, Verweigerung usw.

Das gute Timing kann im Training geübt werden. Dabei ist man aber immer wieder auf einen guten Trainer angewiesen, der die zeitlich richtige Abfolge sieht, einen darauf aufmerksam macht und korrigiert.

»Drücken« und »Ziehen«

»Ziehen«:
Der Hund wird aus der Distanz geführt, indem der Hundeführer parallel mitläuft und mit seiner Körpersprache den Weg weist. Der Hundeführer befindet sich grund-sätzlich immer auf der Seite des Hindernisses, auf der es im Parcours weitergeht. Der Hunde-führer »zieht« den Hund praktisch mit durch den Parcours, beide lau-fen synchron.

»Drücken«:
Bildlich kann man sich vorstellen, dass der Hundeführer den Hund von sich weg in eine andere (die gewünschte) Richtung schiebt oder eben »drückt«. Diese Technik ver-unsichert den Hund häufig und macht ihn langsamer, weil Druck auf ihn ausgeübt wird, während er beim »Ziehen« praktisch vom Hundeführer regelrecht »mitgeris-sen« wird und ihm begeistert folgt!

Das »Ziehen« als Führtechnik ist dem »Drücken« generell und wenn irgendmöglich vorzuziehen, da es dem Hund mehr Sicherheit vermittelt und schnellere Zeiten ermöglicht.

Kapitel 2

Führen mit Körpersprache

POSITION IM PARCOURS

Richtiges Positionieren des eigenen Körpers im Parcours und zu den Hindernissen ermöglicht dem Hund ein flüssiges, zweifelsfreies Arbeiten. Er wird dadurch sicher, findet seinen eigenen Stil (Sprünge), macht weniger Fehler und wird insgesamt schneller.

Die richtige Position zeigt dem Hund bereits die Richtung auf das nächste und eventuell auf das übernächste Gerät an und damit die Laufrichtung.

Positionierung beim Start

PARCOURS NR. 2

Hund, rechts geführt, über die Wand

Der Hundeführer sollte immer in Richtung des weiteren Parcoursverlaufs vom Start aus weggehen. Das ist eine große Hilfe für den Hund, weil er so aus der Position seines Hundeführers schon schließen kann, wo es im Parcours weitergeht.

Zusätzlich ist es auch eine Hilfe für den Hundeführer, zum Beispiel bei einem eventuellen Frühstart seines Hundes. Er kann hierdurch vielleicht noch einiges »ausbügeln« und den Parcours weiterlaufen.

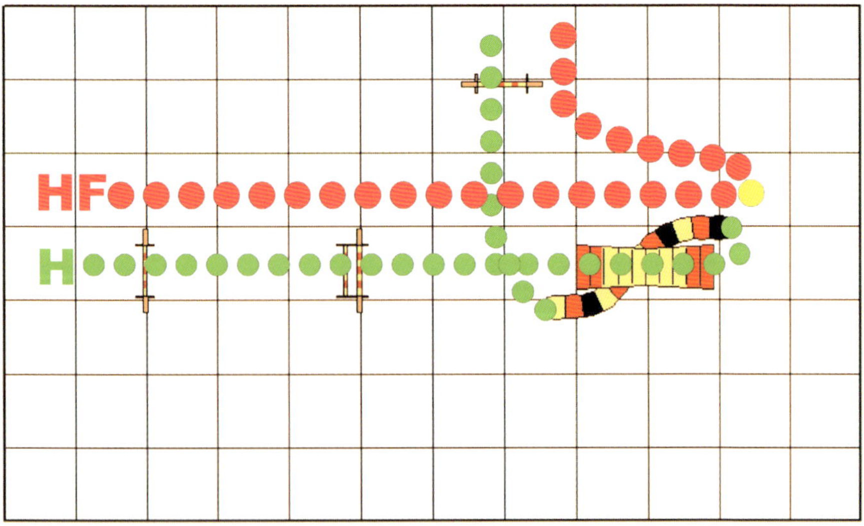

Parcours Nr. 2

In dieser Beispielsequenz führen Sie den Hund vom Start rechts, um ihm anzuzeigen, dass es über die Wand geht. Sie laufen so schnell wie möglich an das Ende der Wand, ohne sich nach dem Hund umzudrehen (Kontaktzonenarbeit siehe Kontaktzonenhindernisse). Schon bei einem kleinen Blick nach dem Hund müssten Sie den Oberkörper drehen und ihm damit ungewollt das Signal geben, nach rechts in den Tunnel zu laufen. Das ist zu vermeiden!

PARCOURS NR. 3

Hund, links geführt, in den Tunnel unter der Wand

In der nächsten Sequenz führen Sie den Hund links, weil er durch den Tunnel laufen soll. Wenn Sie die beiden Sequenzen trainieren, werden Sie sehen, dass der Hund sich immer nach Ihnen orientieren wird. Es sei denn, Sie machen eine falsche Körperbewegung!

Am blauen Punkt rufen Sie den Hund mit Namen an und geben ihm das Hörzeichen »Durch«, gleichzeitig drehen Sie den Oberkörper ein wenig nach rechts. Er wird Ihrer Körpersprache folgen und ohne zu zögern in den Tunnel laufen. Am gelben Punkt wechseln Sie die Führseite des Hundes und führen ihn über die Wand. Im Anschluss müssen Sie ihn über die Hürde Nr. 5 »drücken«, es sei denn, Sie sind so schnell, dass Sie einen Wechsel hinter der Wand »hinzaubern«, ohne eine Hundberührung zu riskieren. Bei einem schnellen Hund ist das sehr unwahrscheinlich, das Drücken über die Nr. 5 ist deshalb die sichere Variante.

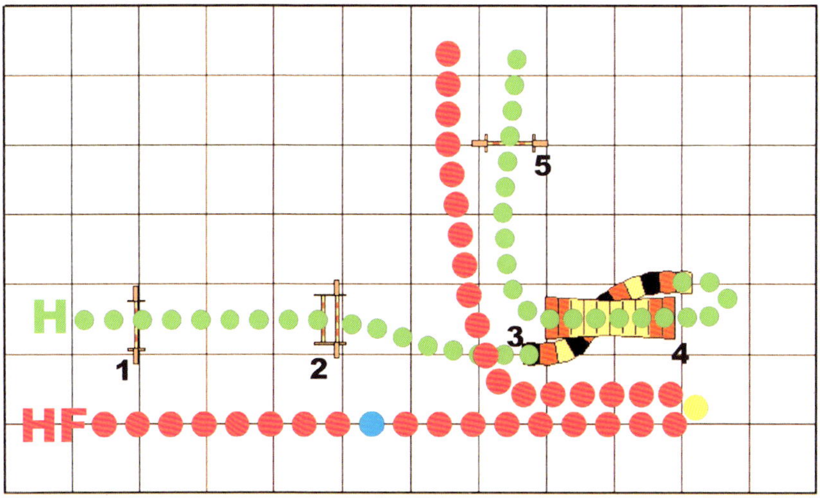

Parcours Nr. 3

PARCOURS NR. 4
Hund, links geführt, in den Flextunnel
Auch in dieser Sequenz sollten Sie den Hund links führen, da Sie ihn so ohne große Schwierigkeiten am Tunnelausgang in Empfang nehmen und über die nächste Hürde führen können.

Wenn Sie ihn rechts führen würden, hätten Sie wahrscheinlich große Probleme, rechtzeitig am Tunnelausgang zu sein.

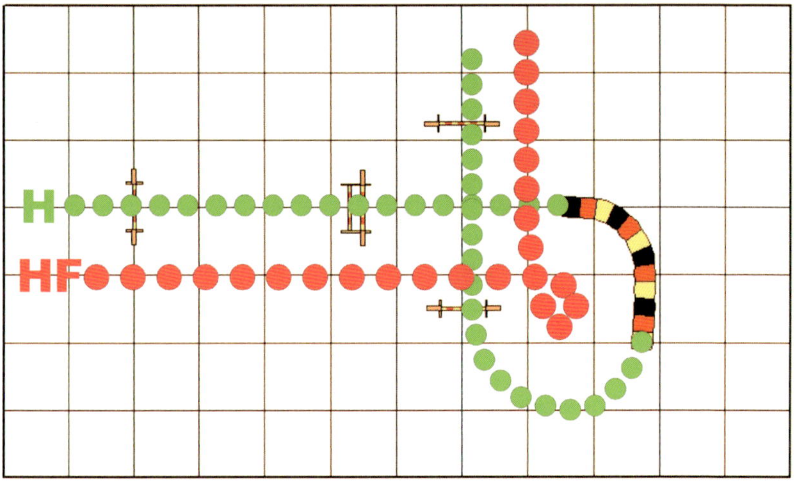

Parcours Nr. 4

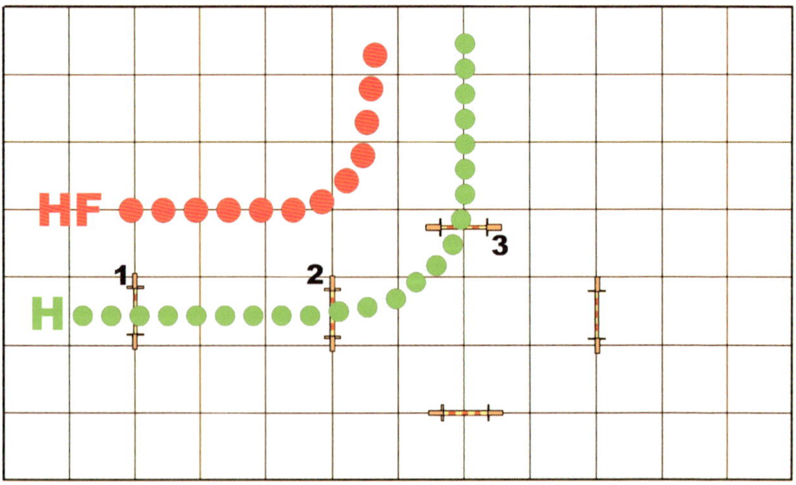

Parcours Nr. 5

PARCOURS NR. 5
Hund, rechts geführt, über Hürde Nr. 3 ziehen

Der Hund sollte nicht auf Sie zuspringen, sondern Sie müssen ihn rechts bzw. links führen. Er versteht dann sofort, dass es rechts bzw. links weitergeht und kann sich auf die neue Richtung unmittelbar einstellen.

Würde er auf Sie zuspringen, müssten Sie ihn auf das nächste Hindernis drücken. Er bekäme dann erst in letzter Sekunde den neuen Richtungsbefehl, wird unsicher und dadurch langsamer, eventuell reißt er sogar eine Stange.

PARCOURS NR. 6
Hund, links geführt, ziehen

Bei dieser Übung dürfen Sie nicht zu weit nach vorn laufen, da Sie sonst den Hund durch Ihre Körpersprache über die Hürde in gerader Richtung drücken. Falls die Sequenz enger gestellt ist, gehen Sie besser einen Schritt zurück, wenn der Hund über die Hürde Nr. 2 springt.

Gleichzeitig drehen Sie sich in die Richtung der dritten Hürde. Das können Sie, ohne ein Hörzeichen zu geben, sowohl rechts als auch links trainieren. Der Hund wird immer Ihrer Körpersprache folgen.

Bei den Trainingseinheiten sollten Sie versuchen, ohne Hörzeichen auszukommen.

Sie führen nur mit der Körpersprache und spüren dabei schon ganz deutlich, welchen Einfluss Sie auf den Hund ausüben können. Diese Erkenntnisse können Sie für die weiteren Übungen einsetzen.

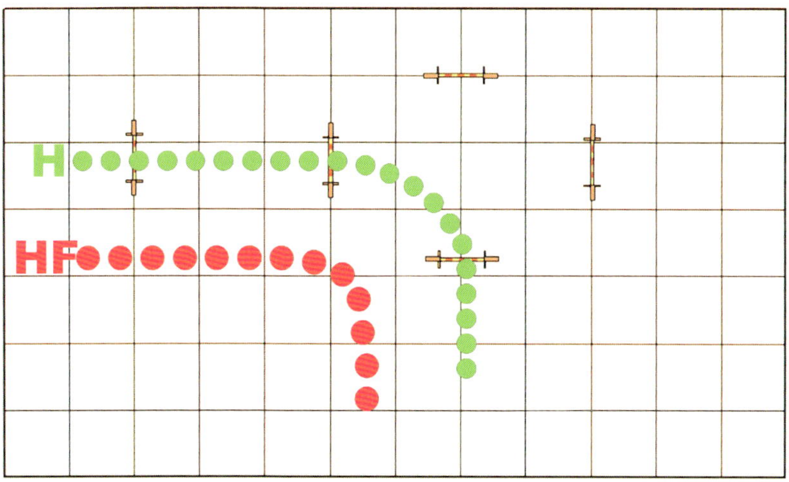

Parcours Nr. 6

Spannung am Start aufbauen

Immer wieder gibt es sehr eifrige und motivierte Hunde, die es beim Start sehr eilig haben und einen Frühstart verursachen. Der Hundeführer hat seine Position im Parcours noch nicht eingenommen, da kommt der Hund schon angeflitzt. Wenn der Hund nicht gleich ins DIS läuft und der Hundeführer noch schnell reagieren kann, geht es meistens nur mit »Hängen und Würgen« weiter.

Mit einem solchen Hund geht man immer mit einem unguten Gefühl an den Start: »Kommt er heute wieder zu früh angesaust oder bleibt er sitzen? Was tun, wenn er einen Frühstart verursacht?«

Das muss nicht sein! Der Fehler deutet darauf hin, dass der Hund seine Lektion in der Unterordnung nicht richtig gelernt hat beziehungsweise der Hundeführer nicht konsequent bei der Durchsetzung des »Bleib«-Befehls war.

Wenn Sie den Hund am Start absetzen und in den Parcours gehen, möchte er Ihnen nachlaufen. Das verhindern Sie mit dem »Bleib«-Kommando und setzen ihn damit unter Spannung. Das »Bleib«-Kommando müssen Sie sowohl optisch (Einsatz der Druckhand, siehe dazu Seite 54) und verbal geben, denn der Hund soll unbedingt sitzen bleiben (siehe »Abrufen«).

Die starke Spannung ist bei einigen Hunden am Start zu beobachten, wenn ihr Hinterteil hochzuckt, weil sie schon loslaufen wollen. Wenn Sie ihn dann mit seinem Namen abrufen, wird er wie ein geölter Blitz losrennen, um

Grundschnelligkeit ausspielen.

Das Start-Ritual sollte auch bei jedem Training immer wieder durchgeführt werden.

so schnell wie möglich zu Ihnen zu kommen.

Durch diesen gezielten Einsatz des Startrituals können zwischen den ersten Hindernissen einige Zehntel Sekunden gewonnen werden.

Der Hund muss so weit vor der Starthürde abgesetzt werden, dass er auf den ersten Metern schon seine volle Geschwindigkeit erreicht und beim Überspringen keine Stange reißt. Den optimalen Abstand können Sie im Training herausfinden und eventuell durch Schritte fixieren. Das kann man mit jedem Hund ausprobieren und üben.

Meinen »Balu« setze ich mittlerweile etwa vier bis fünf Meter vor der Starthürde ab, wenn der notwendige Platz dafür vorhanden ist. Er kann dadurch schon bis zur Starthürde seine

Die Aufmerksamkeit des Hundes beim Start trainieren

Setzen Sie den Hund vor der Starthürde ab und geben ihm das »Bleib«-Kommando. Danach gehen Sie rückwärts bis zum nächsten Hindernis, wobei Sie ihm die offene Handfläche (Druckhand) und Ihre Brust zeigen. Das bedeutet für den Hund ganz klar: Sitzen bleiben und nicht zu Ihnen laufen!

Am nächsten Hindernis bleiben Sie einige Sekunden stehen. Nehmen Sie Blickkontakt mit dem Hund auf, eventuell geben Sie ihm noch einmal das »Bleib«-Kommando und kehren dann wieder zu ihm zurück. Wenn er sitzen geblieben ist: überschwänglich loben und spielen.

Wenn der Hund das Startritual für die erste Hürde verstanden hat, begeben Sie sich zur zweiten Hürde und üben das Gleiche ausgiebig. Diese Prozedur kann man dann bis zum dritten, vierten, fünften Hindernis und so weiter fortsetzen.

Im Laufe des Jahres sollten Sie diese Übungen immer mal wieder durchführen, um sie wieder frisch ins Gedächtnis des Hundes zu rufen.

Dieses Ritual ist der wichtigste Teil beim Start und sollte daher genau und sehr konsequent trainiert werden. Hierfür muss sich der Hundeführer ausreichend Zeit nehmen.

Es gibt kaum Schlimmeres als einen Frühstart des Hundes. Sie sind dadurch im Parcours meistens noch nicht in Ihrer richtigen Position und von Beginn an unter Druck und unsicher. In den meisten Fällen kann man so einen Lauf abhaken!

Nach einer erfolgreichen Übung (und nur nach einer erfolgreichen!) müssen Sie Ihren Hund ausgiebig loben und belohnen. Bei meinem »Balu« funktioniert das am besten mit Spielen, genauer gesagt einem Zerrspiel mit seinem geliebten »Beißie«. So bin ich auch unmittelbar am Spiel beteiligt – das bedeutet dem Hund, dass es bei mir toll ist, dass er mit mir Spaß hat und nicht alleine zehn Meter weiter. So kann ich das Spiel prima kontrollieren und sowohl Beginn als auch Ende bestimmen. »Balu« wird durch das Spielen zu weiteren Übungen motiviert und ist dann bereit, diese wieder mit voller Konzentration und Freude durchzuführen.

Viele Hundeführer bestätigen ihre Hunde nur »halbherzig« und loben nur auf Sparflamme. Der Hund merkt sich ein ganz tolles Lob aber viel eher! Falls Ihr Hund nicht auf Lob und Spiel anspricht, können Sie die Bestätigung

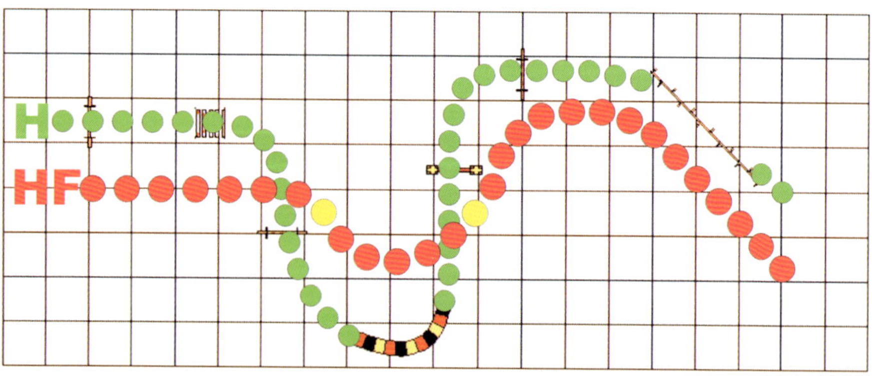

Parcours Nr. 7

mit Futter versuchen. Gut riechende Käse- oder Wursthappen erfreuen jede Hundenase!

»Ziehen« und »Drücken«

PARCOURS NR. 7
Sequenz mit Wechsel, Ziehen des Hundes
Starten Sie ab dem Weitsprung, um einen kleinen Vorsprung zu haben, und rufen Sie Ihren Hund ab. Am ersten gelben Punkt wechseln Sie die Führseite und schicken ihn mit der rechten Hand in den Tunnel. Versuchen Sie so schnell wie möglich vor die Mauer zu kommen, damit Sie ihn am Tunnelausgang in Empfang nehmen können.

Wechseln Sie wiederum am zweiten gelben Punkt und führen den Hund, jetzt mit der linken Hand, über die Mauer, die nächste Hürde und in den Slalom.

Wenn Sie diese Sequenz ohne Wechsel laufen und den Hund nur mit Drücken über die Hindernisse führen, wird dies einige Sekunden und Nerven kosten. Der Hund bekommt immer relativ spät das Kommando für das nächste Hindernis, Sie sind fast immer auf seiner Höhe und riskieren dadurch eventuell eine Hundberührung.

Sämtliche Wechsel können Sie sowohl als »Belgier« als auch als »Franzose« ausführen (s. S. 34 und 40). Bei allen Wechseln müssen Sie entsprechend schnell sein, um vor Ihrem Hund zu laufen. Am Anfang wird dies nicht immer leicht sein, aber mit ein wenig Übung stellen sich sowohl Hundeführer als auch Hund auf diese Lauftechnik ein. Dann macht es einfach Spaß, ist superschnell und sieht außerdem toll aus!

»Ziehen« ist immer besser als »Drücken«.

Vorteile des »Ziehens«:
- Der Hundeführer läuft vor dem Hund, er zieht ihn und gibt dadurch die Richtung an.
- Der Hundeführer läuft immer auf der richtigen Seite der Hindernisse.
- Nach dem Ziehen richten sich auch die auszuführenden Wechsel.

Nachteile des »Drückens«:
- Der Hund kommt zu nah an den Hundeführer heran.
- Der Hund weiß nicht sofort, wie es weiter geht und bekommt den neuen Hinweis erst in letzter Sekunde.
- Der Hund wird dadurch langsam und unsicher.

Drücken kann je nach Parcoursverlauf auch einen Vorteil bringen, (z.B. kürzerer Weg, ver-gessener Seitenwechsel), ist aber nur im Notfall anzuwenden. Drücken also nur, wenn es unbe-dingt erforderlich und nicht zu vermeiden ist!

PARCOURS NR. 8

Drücken vor Flextunnel

Dieser Plan soll nur verdeutlichen, was im Infokasten eben über »Ziehen« und »Drücken« gesagt wurde. Bei diesem Parcoursverlauf ist es besser, wenn der Hund, rechts geführt, durch den Reifen über die Mauer gezogen wird.

Viele Hundeführer haben bei dieser Aufstellung Angst, dass der Hund durch den Tunnel läuft und stellen sich als Abdeckung davor. Diese Angst ist in den meisten Fällen unbegründet, wenn man seine Körpersprache richtig einsetzt, nicht zu weit vor läuft und den Hund dadurch in den Flextunnel drückt.

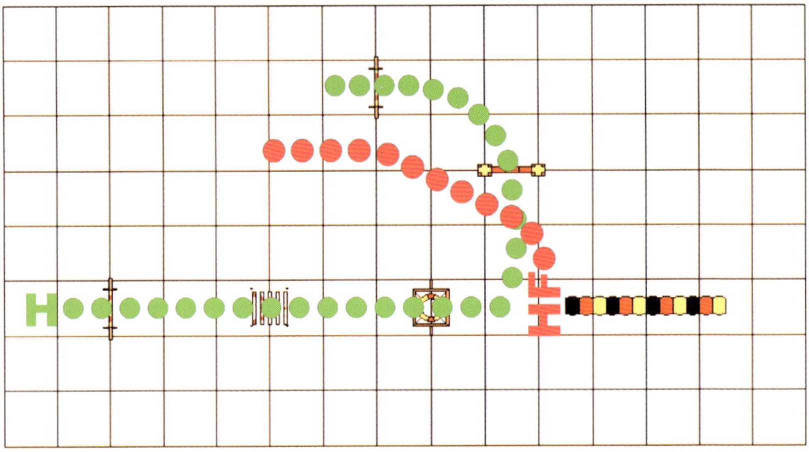

Parcours Nr. 8

Drücken vor Flextunnel

PARCOURS NR. 9
Ziehen über die Mauer

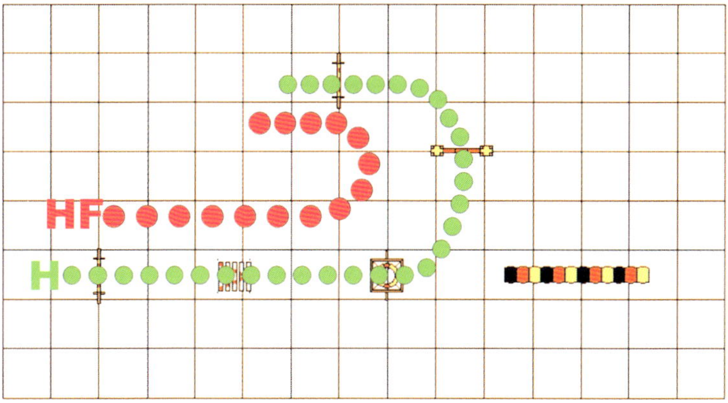

Parcours Nr. 9

Positionierung an den Kontaktzonen

PARCOURS NR. 10
Position nach der Wand

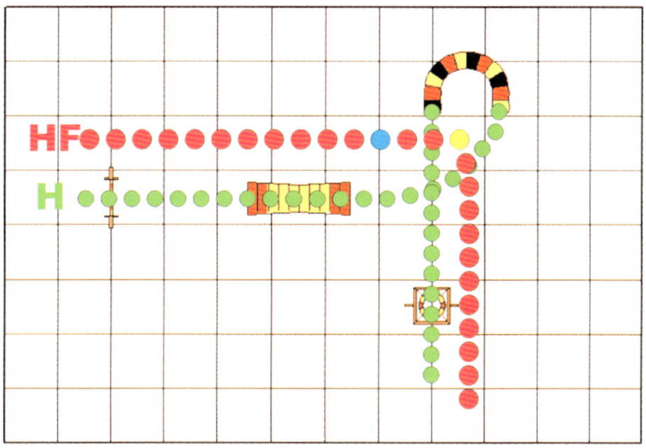

Parcours Nr. 10

An den Kontaktzonenhindernissen müssen Sie den Weiterverlauf des Parcours durch deutliches Anzeigen über Ihre Körpersprache und durch Ihre Position im Parcours für den Hund zweifelsfrei machen. Dies ist besonders wichtig, wenn hinter einem Kontaktzonenhindernis eine Verleitung steht.

Am blauen Punkt müssen Sie unbedingt Ihre linke Hand als Sperrhand einsetzen (s. S. 46), um dem Hund anzuzeigen, dass er den hinteren Tunneleingang nehmen soll. Am gelben Punkt führen Sie ihn mit der rechten Führhand aus dem Tunnel durch den Reifen.

PARCOURS NR. 11
Position am Stegauf- und abgang

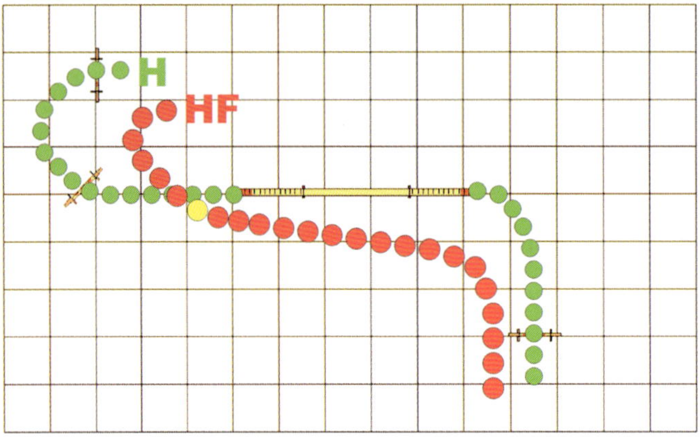

Parcours Nr. 11

In diesem Fall ist es ratsam, vor dem Hund zu wechseln (gelber Punkt), um ihn auf den Steg ziehen zu können. Wenn Sie auf der anderen Seite laufen, müssen Sie ihn am Abgang zur nächsten Hürde drücken. Das sollten Sie vermeiden!

Am Stegabgang bleiben Sie einen Moment stehen, kontrollieren die Kontaktzonenarbeit des Hundes (siehe Kontaktzonengeräte, S. 83) und drehen sich nach rechts, um ihn mit der linken Führhand über die Hürde zu ziehen. Der Hund wird Ihrer Körpersprache (Drehung) folgen.

SEITENWECHSEL

Von einem Wechsel spricht man, wenn der Hund z. B. von der rechten auf die linke Seite des Hundeführers wechselt. Da aber Sie als der Hundeführer der handelnde Partner im Team sind und dadurch die Laufrichtung und Laufseite angeben, muss es wohl besser heißen: Der Hundeführer wechselt die Führseite des Hundes, um ihn über die Hindernisse zu ziehen.

Wir unterscheiden den Wechsel hinter und vor dem Hund.

Seitenwechsel hinter dem Hund

Den Seitenwechsel hinter dem Hund wendet man an, wenn der Hund einige Meter vor einem läuft, selbstständig arbeitet und ein Richtungswechsel anliegt. Der Seitenwechsel hinter dem Hund sollte immer ein Hindernis vor der Richtungsänderung eingeleitet werden.

PARCOURS NR. 12
Seitenwechsel hinter dem Hund

Der Wechsel hinter dem Hund ist zum Beispiel an der A-Wand oder am Tunnel ohne Probleme durchzuführen. An den gelben Punkten nehmen Sie jeweils einen Führwechsel des Hundes vor und können ihn deshalb über die weiteren Hindernisse ziehen.

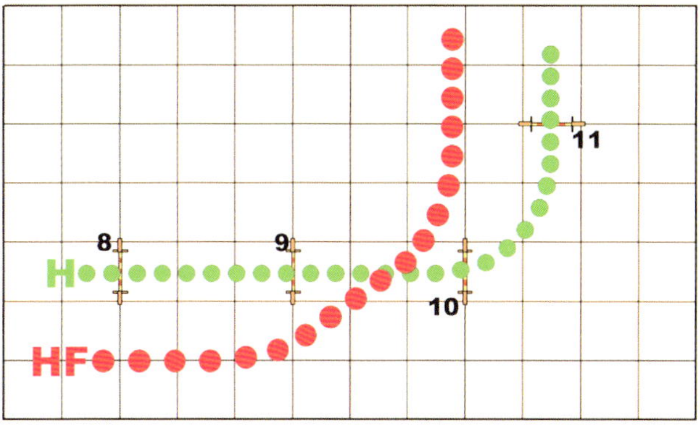

Parcours Nr. 12

PARCOURS NR. 13
Seitenwechsel hinter dem Hund an der Wand

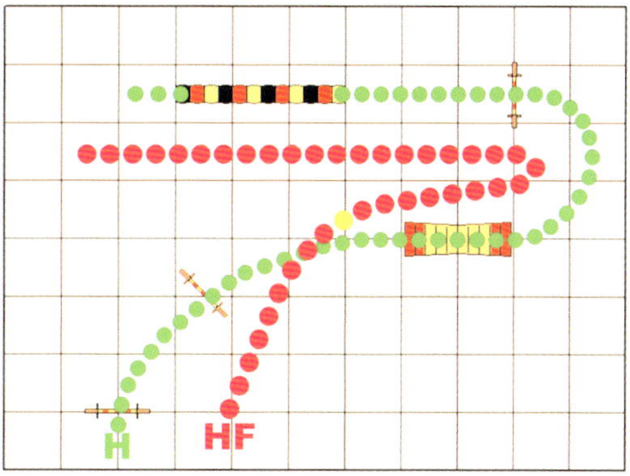

Parcours Nr. 13

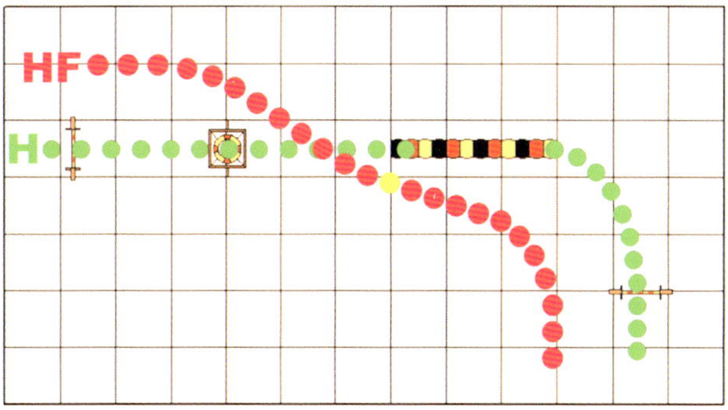

PARCOURS NR. 14
Seitenwechsel hinter dem Hund vor dem Tunnel

Parcours Nr. 14

PARCOURS NR. 15
Seitenwechsel hinter dem Hund vor dem Weitsprung
Beim Weitsprung ist der Seitenwechsel gefährlich, da der Hund möglicherweise zwischen den Begrenzungsstangen hindurchspringt, weil er der Körpersprache seines Hundeführers folgt. Hier müssen Sie also genau abwägen, wie Sie laufen und wie und wann Sie sich drehen.

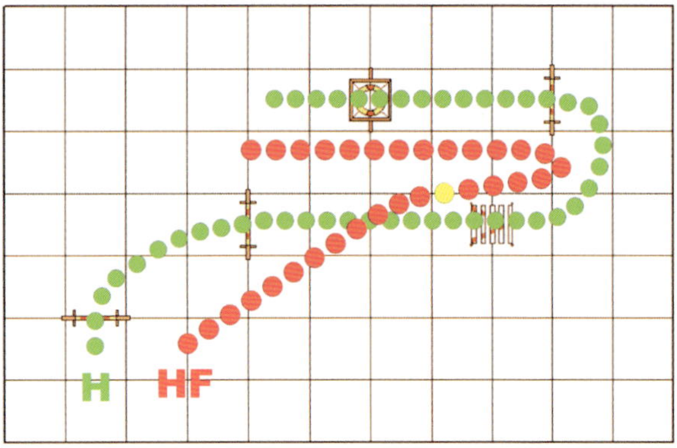

Parcours Nr. 15

Seitenwechsel vor dem Hund

Ein Seitenwechsel vor dem Hund ist dem Wechsel hinter dem Hund vorzuziehen. Der Seitenwechsel vor dem Hund bewirkt generell, dass Sie den Hund zu dem nächsten Hindernis ziehen können und nicht drücken müssen. Wenn Sie den Hund zum Hindernis drücken, bekommt er in den meisten Fällen erst in letzter Sekunde den Befehl, wie es weitergeht. Er wird unsicher und langsam. Außerdem läuft er in den meisten Fällen einen großen Bogen und verliert dadurch Zeit.

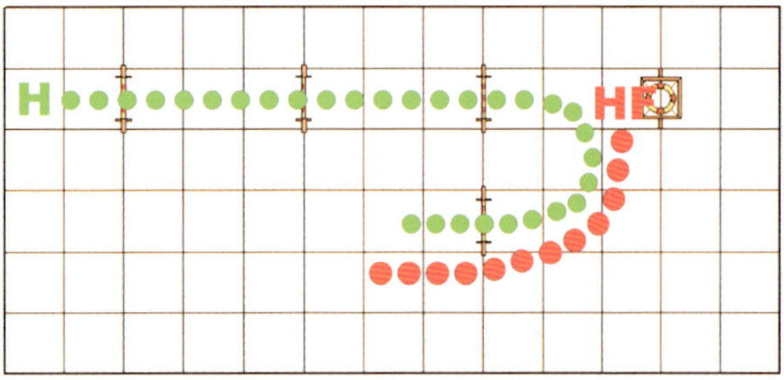

Parcours Nr. 16

PARCOURS NR. 16 *Drücken*

Drücken

PARCOURS NR. 17

Ziehen

Wenn Sie den Hund zum nächsten Hindernis ziehen, wird der weitere Weg angezeigt und ohne Zweifel für ihn ersichtlich. Er wird dadurch sicher, läuft nicht so einen großen Bogen und wird letztendlich dadurch schneller. Der Wechsel ist ohne Probleme und unmissverständlich für den Hund bei sämtlichen Hindernissen einzusetzen. Die durch den Wechsel richtige Positionierung Ihres Körpers im Parcours zeigt bereits den Verlauf auf das nächste und übernächste Gerät an.

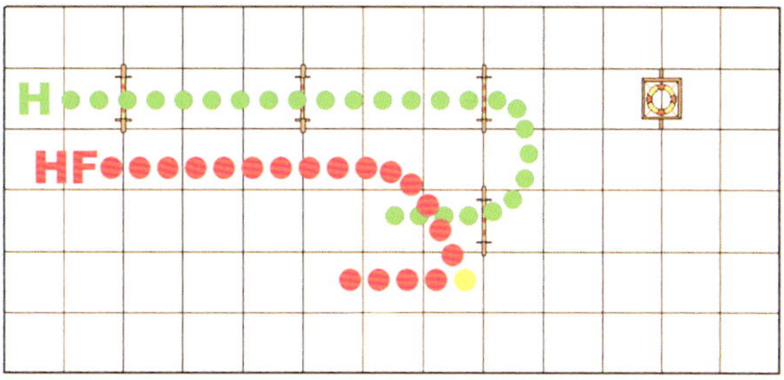

Parcours Nr. 17

Ziehen

PARCOURS Nr. 18
Seitenwechsel ohne Hund

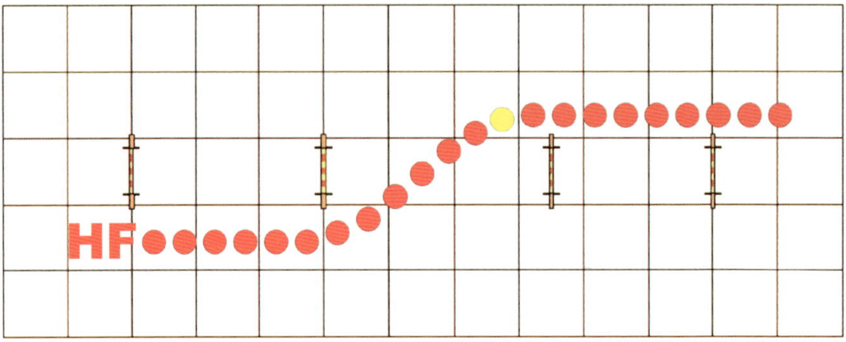

Parcours Nr. 18

Seitenwechsel ohne Hund

Trockenübungen für die Wechsel
Sie laufen parallel (ohne Hund, rechts der Hürden) und biegen dann zwischen Hürde Nr. 2 und 3 nach links weg. Am gelben Punkt drehen Sie sich nach links um ca. 180° gegen die Hürde Nr. 2. Sie schauen sozusagen dem imaginären Hund ins Gesicht und erwarten ihn. Dann drehen Sie sich weiter um ca. 180° in Richtung Hürde Nr. 3. Anschließend laufen Sie auf der linken Seite der Hürden.

Das Gleiche üben Sie auf der anderen Seite. Diese Übungen können Sie vorab ohne Hund durchführen, sozusagen »trocken«, um sich an den Bewegungsablauf zu gewöhnen. Eventuell kann der Trainer Sie dabei korrigieren.

Denken Sie dabei auch immer an den Einsatz Ihrer Hände! Zu Beginn führen Sie den links geführten Hund

mit der linken Führhand, nach dem Wechsel müssen Sie die rechte Führhand benutzen.

Durch diese Trockenübungen können Sie, ohne durch einen schnellen Hund unter Druck zu geraten, Ihre Hände in aller Ruhe koordinieren. Ich sehe immer wieder, dass der richtige und schnelle Einsatz der Hände am Beginn des Trainings das Hauptproblem für die Hundeführer darstellt.

Am Anfang ist es immer der Hundeführer, der mit den ungewohnten Bewegungsabläufen nicht sofort klar kommt. »Das begreife ich nie, das ist zu schwierig« – solche Aussagen sind an der Tagesordnung. Aber nach einigen Übungseinheiten bekommt jeder die notwendige Sicherheit und alles geht »wie von selbst«.

Wenn Sie den Wechsel perfekt beherrschen, üben Sie die gleiche Sequenz mit dem Hund, damit er sich auch an Ihren neuen Laufstil gewöhnt.

Hierbei benötigen Sie zu Beginn am Start einen kleinen Vorsprung, um Ihre Wechsel gut und schnell ausführen zu können.

Dies ist in einfacher Form der so genannte »belgische Wechsel« (siehe Parcours Nr. 19). Diese Wechsel-Sequenz sollten Sie bis zur Perfektion ohne Hund trainieren, da alle Wechsel darauf aufbauen.

Seitenwechsel vor dem Hund (»Belgischer Wechsel«)

PARCOURS NR. 19
Belgischer Wechsel
Der Seitenwechsel vor dem Hund hat den Vorteil, dass man den Hund immer im Auge hat und auf seinen Lauf schnell reagieren kann.

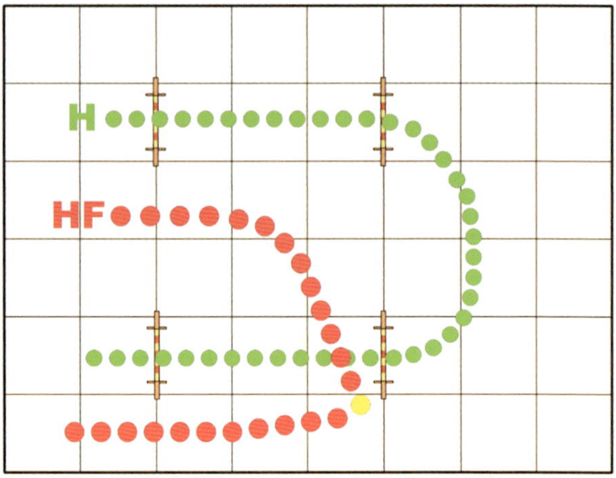

Parcours Nr. 19

Dieser Wechsel ist zum Beispiel bei Verleitungen optimal! Sie können den Hund sicher und schnell zum nächsten Hindernis führen. Er wird hierbei immer Ihrer Körpersprache folgen, Verleitungsfehler werden weitestgehend vermieden.

Belgischer Wechsel

PARCOURS NR. 20

Belgischer Wechsel vor den Hürden

Sie führen Ihren Hund links und laufen von Beginn an mit. Sie schicken ihn **vor** über Hürde Nr. 2.

Zugleich laufen Sie auf die rechte Ecke der Hürde Nr. 3 zu, drehen sich gegen den Hund, wechseln dadurch die Führseite und können ihn mit der rechten Führhand über die Hürden 3, 4 und 5 führen.

Diese Führtechnik ist aber fehleranfällig bei Hürde Nr. 2:

Hier wird des Öfteren die Stange gerissen. Durch Ihren Lauf zur Ecke der Hürde 3 wird der Hund Ihrer Körpersprache folgen und möchte schnell zu Ihnen kommen. Er wird Hürde 2 aus sehr spitzem Winkel anspringen und dadurch eventuell die Stange reißen.

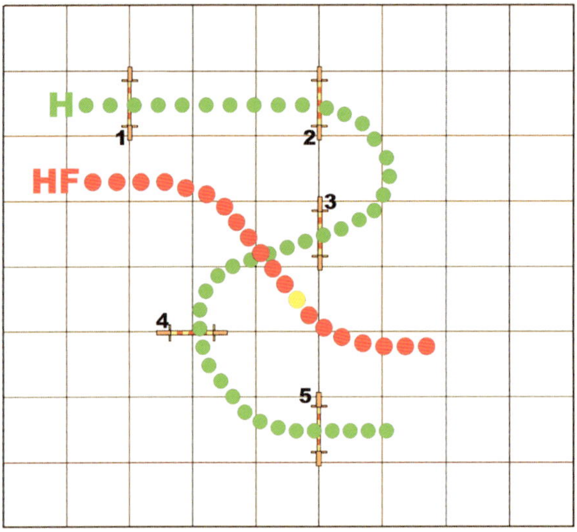

Parcours Nr. 20

Belgischer Wechsel vor den Hürden

Wenn keine Verleitung hinter der Hürde 2 steht, ist folgende Führtechnik vorzuziehen:

PARCOURS NR. 21
Belgischer Wechsel hinter den Hürden
Sie führen den Hund links, stellen sich an Hürde 2 und rufen den Hund ab. Wenn der Hund über die erste Hürde springt, laufen Sie nach vorn und drehen sich nach links gegen den Hund (siehe gelber Punkt). Wenn er über Hürde Nr. 2 gesprungen ist, können Sie ihn mit der rechten Führhand über die Hürden 3, 4 und 5 führen. Da Sie an Hürde Nr. 2 vorbeilaufen, ziehen Sie den Hund etwas weiter nach vorn und er wird nicht mehr so spitz über diese Hürde springen. Wie weit Sie dabei zu Beginn hinauslaufen, müssen Sie im Training ausprobieren. Hierbei ist wieder die Hilfe des Trainers angesagt!

Das gleiche Trainingsprogramm müssen Sie mit dem rechts geführten Hund durchführen und dazu die Hürden umgruppieren.

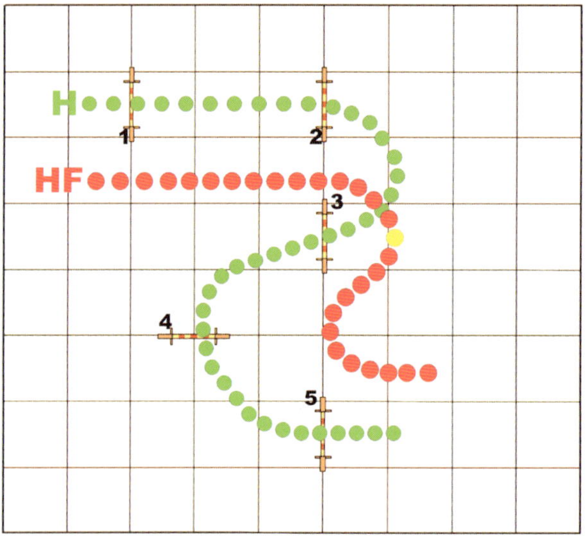

Parcours Nr. 21

Belgischer Wechsel hinter den Hürden

Wenn dies zu Ihrer Zufriedenheit ausgeführt wurde, laufen Sie von Beginn an mit. Die Sequenz stellt sozusagen einen Teil eines Parcours dar und ist in vielen Fällen auf einem Turnier zu laufen.

Im Laufe des Trainings lassen Sie die Hörzeichen weg und führen nur noch mit der Körpersprache. Sie signalisiert dem Hund, dass der weitere Verlauf über Hürde Nr. 3 geht. Da Sie dem Hund keine Hörzeichen (rechts bzw. links) geben, kann er sich voll auf seine eigene Sprungtechnik konzentrieren, das heißt er wählt selbst seinen Absprung und seine Landung.

Wenn Sie ihm über der Hürde den Befehl »RECHTS oder LINKS« geben oder ihn mit seinem Namen anrufen, wird er versuchen, den Befehl augenblicklich umzusetzen. Er dreht sich über der Hürde in die angegebene Richtung. Er konzentriert sich auf die Landung und lässt hierbei seine Hinterbeine etwas hängen, um sofort in die neue Richtung weiterlaufen zu können. Der Fehler ist hierbei in den meisten Fällen vorprogrammiert, die

Stange fällt! Diese Situation ist auf vielen Turnieren zu beobachten. Viele Hundeführer sind sich dessen nicht bewusst und verstehen nicht, warum ihr Hund die Stange gerissen hat.

Wenn Sie dem Hund mittels Körpersprache schon vorher die weiterführende Richtung angeben, kann er sich voll und ganz auf den Ab- und Aufsprung konzentrieren und springt daher sicher über das nächste Hindernis.

Am Anfang unserer gemeinsamen Agilitylaufbahn habe ich meinen »Balu« sehr viel mit Hörzeichen geführt – meistens hat er dabei eine oder zwei Stangen gerissen. Auf vielen Turnieren haben wir den Parcours in Bestzeit abgeschlossen, aber mit ein bis zwei Stangenfehlern ...!?

Seitdem ich meine Führung weitestgehend auf die Körpersprache umgestellt habe, sind Stangenabwürfe nur noch recht selten. Ganz auszuschließen sind sie aber bei einem schnellen Hund sicher nicht.

ACHTUNG!

Seitenwechsel zu früh angesetzt = Wegziehen vom richtigen Hindernis! Verweigerung!

Seitenwechsel zu spät angesetzt = Kann eventuell mit Sperrhand korrigiert werden.

»Blinder« Wechsel (»Französischer Wechsel«)

Der so genannte »blinde« oder »französische« Wechsel findet ebenfalls vor dem Hund statt. Er ist nicht hundertprozentig sicher, da man den Hund einige Sekundenbruchteile lang nicht sieht und deshalb auf seinen Lauf nicht umgehend reagieren kann. Der Wechsel muss intensiv und längerfristig trainiert werden, damit sich der Hund darauf einstellen kann und er genau weiß, wie er zu reagieren und zu laufen hat.

Für Sie bedeutet er, dass Sie sehr schnell sein müssen, um vor Ihrem Hund das nächste Hindernis anzuzeigen. Sie müssen bei der Ausführung unbedingt Ihre Hände einsetzen, um dem Hund unmissverständlich den Weg zu zeigen.

Sie laufen mit dem links geführten Hund zwischen Hürde Nr. 2 und 3 durch auf Hürde Nr. 4 zu (siehe Parcoursplan).

Hierbei drehen Sie sich nicht wie beim belgischen Wechsel gegen den Hund, sondern laufen nach rechts weiter und wechseln dabei nur die linke gegen die rechte Führhand (gelber Punkt).

Der Hund nimmt nach einiger Übung Ihre Körpersprache an und ist dann sicher und schnell über die Hürden 3, 4 und 5 zu führen.

PARCOURS NR. 22
Französischer Wechsel
Überlegen Sie sich immer genau, wann und wo Sie diesen Wechsel einsetzen. Bei der Gefahr einer Verleitung kann es durch diesen Wechsel möglich sein, dass Sie Ihren Hund zu weit hinaustreiben und er entweder das nächste Hindernis angeht oder eine Verweigerung produziert.

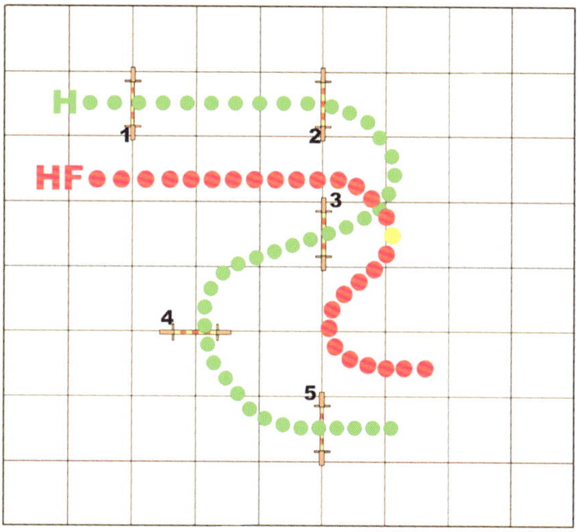

Parcours Nr. 22

Französischer Wechsel

PARCOURS Nr. 23

Sprung- und Wechseltraining

Um mehr Sicherheit bei Hundeführer und Hund zu erzielen, ist das Sprung- und Wechseltraining laut Plan gut geeignet. Ohne großen Aufwand kann man während des ganzen Jahres immer einmal wieder diese Übungen ausführen – einschließlich selbst erstellter Varianten. Am Beginn wird es sicherlich viel Gelächter geben, da dem einen oder anderen sicher durch die vielen Wechsel schwindelig wird und der Hundeführer sich Knoten in die Beine läuft!

Kampf der Hektik

Die Kunst, einen Hund optimal über den Parcours zu führen, besteht auch darin, an den richtigen Stellen kurz stehen zu bleiben!

Viele Hundeführer rennen viel zu hektisch im Parcours. Diese Hektik überträgt sich auf den Hund und es wird kein guter Lauf!

Sie müssen herausfinden und spüren, welchen Einfluss Sie mit Ihrer Körpersprache auf den Hund ausüben können.

Wie reagiert er, wenn Sie stehen bleiben, etwas zurückgehen, drücken, ziehen, Ihre Hände einsetzen oder ihn anrufen?

Welche Schlüsse können Sie aus seiner Reaktion in den verschiedenen Situationen ziehen und wie müssen Sie sich demnach verhalten?

Erst wenn Sie ohne langes Überlegen diese Erkenntnisse im Parcours anwenden können und wenn Ihr Hund Ihr Verhalten ohne zu zögern umsetzt, sind Sie in der Lage und auf dem besten Weg, mit ihm zusammen ein gutes Team zu bilden und herrliches Agility zu zeigen!

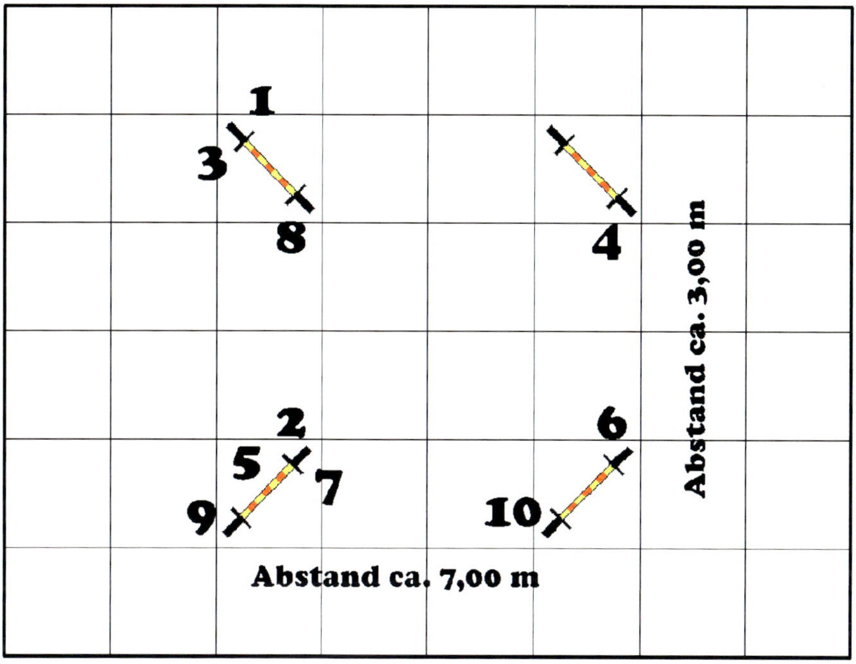

Parcours Nr. 23

EINSATZ DER HÄNDE

Der Mensch hat bekanntlich zwei Hände – aber der Agility Sportler hat drei! Wie kommt das?

Ganz einfach – er hat eine »Führhand«, eine »Sperrhand« und eine »Druckhand«. Was es mit diesen drei Händen auf sich hat, wird im folgenden erklärt.

Körpersprache und Handzeichen sind die wichtigsten Hilfsmittel, um einen Hund exakt über den Parcours zu führen. Durch die zusätzlichen Handzeichen kann man dem Hund leichter verständlich machen, was man von ihm will und wie er im Parcours weiterlaufen soll.

1. Hand: Die Führ- oder Zeigehand:

Die Führhand ist dem Hund am nächsten. Mit ihr führt man den Hund sozusagen an der unsichtbaren langen Leine. Die Führhand soll den Hund auf den weiteren Verlauf des Parcours hinweisen. Frühzeitig angezeigt, bringt sie für ihn die notwendige Bestätigung und Sicherheit. Der Hund weiß, dass er richtig läuft und wird dadurch schneller.

Sie sollte bei Standardhunden bis maximal zur Schulter gehoben werden, bei den Midi- bzw. Minihunden bis zur Hüfte.

Die Handzeichen sollten seitlich vom Körper gegeben werden, damit sie der Hund bemerkt. Die angezeigte Höhe der Hand ist vom Hindernis abhängig. Es ist zum Beispiel sinnlos, bei einem Tunnel die Hand in den Himmel zu heben und bei der Wand auf den Boden. Die Höhe der Hand muss immer den Hindernissen angepasst sein.

Außerdem muss das Zeichen so lange zu sehen sein, bis der Hund es bemerkt hat und entsprechend umsetzen kann. Ich registriere oft, dass viele Hundeführer die Handzeichen entweder überhaupt nicht oder nur ganz kurz einsetzen und der Hund sie nicht wahrnehmen kann.

Sie sollten auch immer optimal für die richtige Laufrichtung des Hundes gegeben werden. Dadurch richten Sie gleichzeitig Ihren Körper für den weiteren Parcoursverlauf aus.

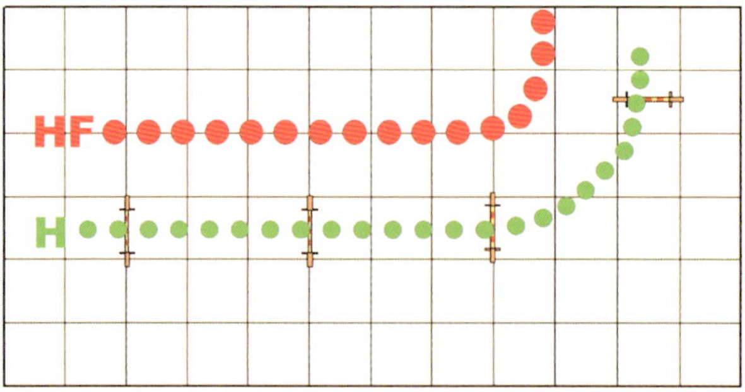

Parcours Nr. 24

PARCOURS NR. 24
Rechte Führhand

Rechte Führhand

PARCOURS NR. 25
Linke Führhand

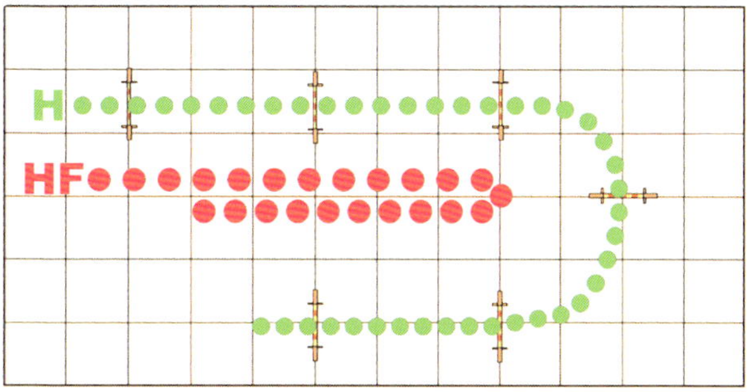

Parcours Nr. 25

Linke Führhand

2. Hand:
Die Sperrhand:

Die Sperrhand ist ein optisches Signal: ***Achtung, NICHT hier entlang, sondern da !***

Wie ein Verkehrspolizist auf der Kreuzung zeigen Sie dem Hund an, wo gesperrt ist und wo er stattdessen hin muss.

PARCOURS NR. 26
Rechte Sperrhand

Die Hand ist bei diesem Einsatz dem Hund **nicht** am nächsten. Ihre Brust dreht sich dabei etwas gegen den Hund. Die Sperrhand zeigt die neue Laufrichtung genau an, gleichzeitig wird Ihr Körper fast automatisch für diese ausgerichtet.

Der Abstand des Hundeführers zum Hund darf nicht zu groß sein. Das müssen Sie im Training mit Hilfe des Trainers herausfinden. Auch das Sehvermögen des Hundes muss bei der

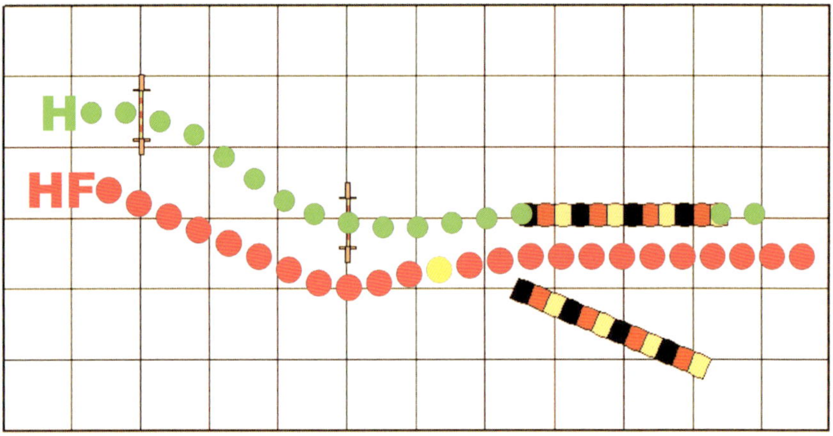

Parcours Nr. 26
Rechte Sperrhand

Ausführung der Sperrhand immer mit einbezogen werden. Es gibt aber kaum einen Parcours, in dem die Sperrhand nicht eingesetzt werden kann und muss.

Bei Verleitungen, zum Beispiel nebeneinander liegenden Tunneleingängen, ist die Sperrhand ein tolles Mittel (gelber Punkt), um dem Hund den richtigen Weg zu weisen.

PARCOURS NR. 27

Linke Sperrhand

Wenn die Hindernisse beispielsweise versetzt angeordnet sind, können Sie Ihren Hund mit dem Einsatz der Sperrhand (gelber Punkt) genau zur nächste Hürde dirigieren und ihm damit signalisieren, dass er nicht hinter Ihnen herlaufen soll.

Falls im Kreisel beispielsweise ein Hindernis außerhalb des Radius aufgestellt wurde, können Sie genauso wie oben verfahren. Sie wechseln am gelben Punkt die Führseite und zeigen Ihrem Hund am blauen Punkt die linke Sperrhand. Dadurch drehen Sie Ihren Oberkörper in die vorgesehene Laufrichtung. Der Hund wird Ihren Hinweis verstehen, zur Hürde Nr. 9 laufen und diese springen. Sie können sich zwischenzeitlich schon wieder auf das nächste Hindernis konzentrieren.

Nach dem intensiven und konsequenten Training mit der Sperrhand wird Ihr Hund sehr schnell begreifen, was Sie von ihm wol-

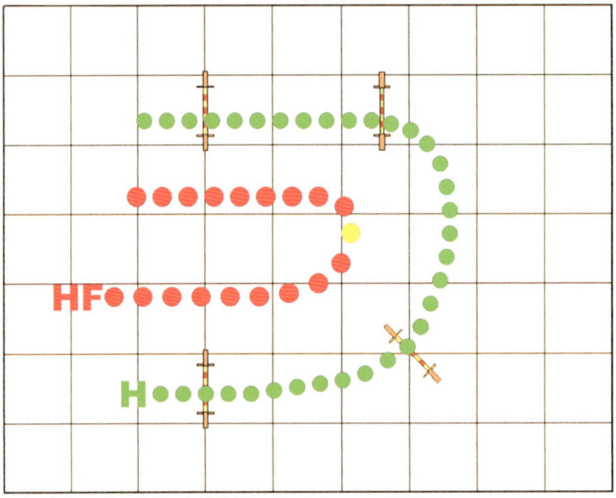

Parcours Nr. 27

Linke Sperrhand

len. Er wird das nächste angezeigte Hindernis ohne Schlenker anlaufen und erfolgreich bewältigen.

PARCOURS NR. 27 a
Linke Sperrhand

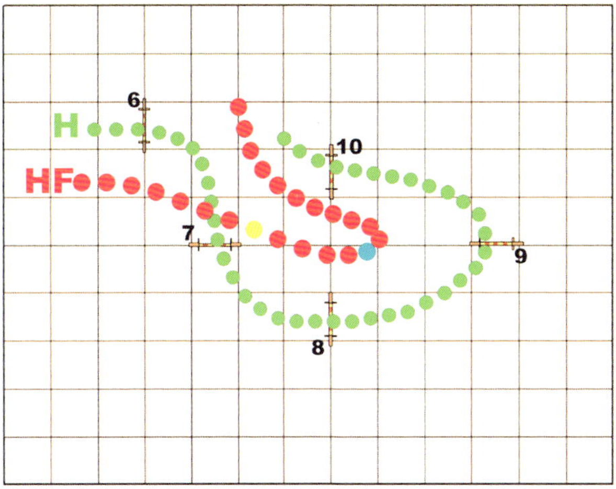

Parcours Nr. 27 a

PARCOURS NR. 28
Einsatz der Sperrhand in einer Sequenz

In dieser Sequenz rufen Sie den Hund mit seinem Namen an, wenn er noch im letzten Drittel des Tunnels ist. Er wird zu Ihnen schauen und Sie können ihm die rechte Sperrhand zeigen, damit er über Hürde 7 springt (blauer Punkt). Am gelben Punkt wechseln Sie die Führseite und zeigen ihm wiederum die Sperrhand. Diesmal ist es aber der linke Arm, damit er Hürde Nr. 8 richtig anläuft. Danach laufen Sie auf Hürde 11 zu, wechseln vor der Mauer die Führseite und zeigen ihm wiederum mit der rechten Sperrhand die Richtung an. Er wird Ihren Hinweis befolgen und Sie können ihn mit der linken Führhand bis zur Wippe führen.

Die Sperrhand ist oft auch die letzte Rettung in der Not, wenn der Hundeführer sich für das nächste Hindernis plötzlich auf der »falschen« Seite befindet. Er kann sich dann mit dem Einsatz der Sperrhand aus der Situation retten (siehe auch »WEG«- Kommando).

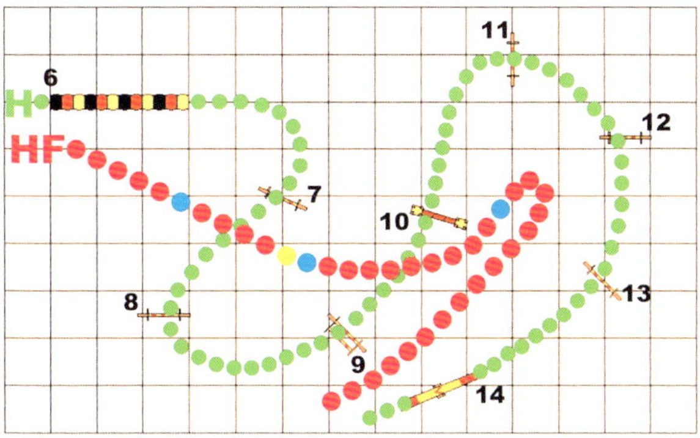

Parcours Nr. 28

3. Hand:
Die Druckhand:

Die Druckhand bedeutet für den Hund: **NICHT ZU MIR KOMMEN!** Sie kann auch beim Startritual zum Spannungsaufbau eingesetzt werden. Handinnenfläche und Brust zeigen hierbei zum Hund.

Druckhand

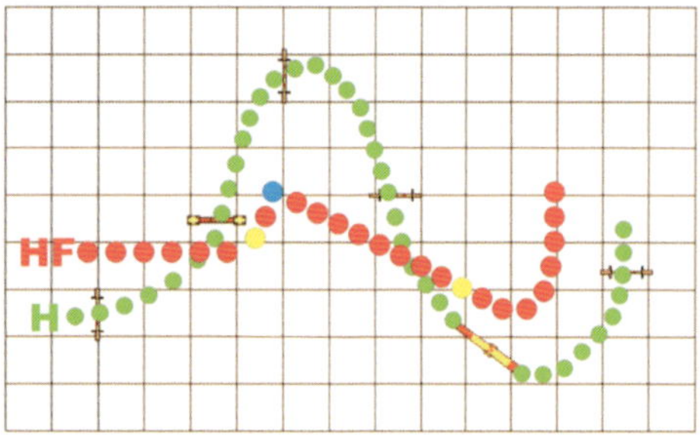

Parcours Nr. 29

PARCOURS Nr. 29
Druckhand bei versetztem Hindernis

Die Druckhand kann erst wirkungsvoll eingesetzt werden, wenn der Hund eine absolute Geräteakzeptanz besitzt. Sie wird bei stark versetzten Hindernissen, in kreisförmiger Anordnung, bei Kontaktzonenaufgängen, beim Slalom oder ähnlichem angewandt. Wenn Ihr Hund dieses Kommando beherrscht, müssen Sie nicht bis zum nächsten Hindernis mitlaufen, sondern können schon vorher abbiegen und sich auf den weiteren Parcoursverlauf konzentrieren.

PARCOURS NR. 30
Druckhand am Steg

Zu Beginn dieser Lektion lassen Sie den Hund zuerst die Hürden springen und zeigen ihm am blauen Punkt die Druckhand. Das bedeutet für ihn, dass er von Ihnen weg und im Bogen auf den Steg zulaufen soll. Wenn er versucht, zu Ihnen zu kommen, müssen Sie eventuell zwischen letzter Hürde und Steg ein Hindernis stellen, das ihn daran hindert. Nach und nach stellen Sie die letzte Hürde weiter zur Mitte des Stegs. Zum Schluss lassen Sie die Hürde fort, laufen nur ein paar Meter parallel des Stegs und drücken den Hund auf den Aufgang. Hilfreich können hierbei Pylonen sein, die Sie neben den Stegaufgang stellen, damit der Hund im Bogen um diese herum läuft. Er soll nicht zu spitz auf den Steg laufen, um keinen Fehler beim Aufgang zu riskieren. Hierbei muss

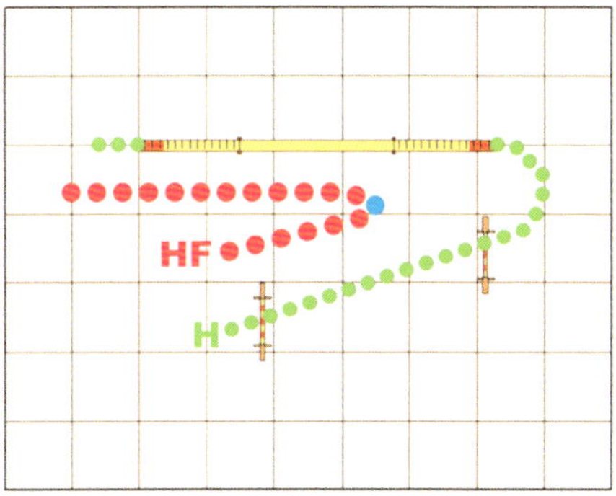

Parcours Nr. 30

der Trainer immer kontrollieren ob der Hund nicht seitlich aufspringt. Sollte dies der Fall sein, müssen Sie ein, zwei Ausbildungsschritte zurückgehen und wiederholen. Mit der Zeit wird der Hund auch hier verstehen, auf was es Ihnen ankommt und den Aufgang ohne Fehler hinauflaufen.

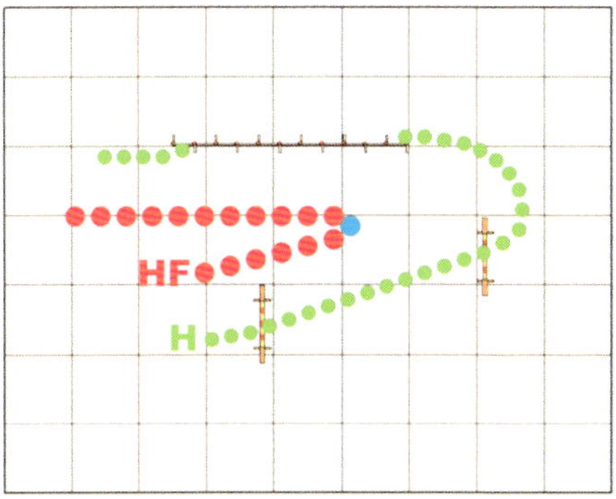

Parcours Nr. 31

PARCOURS NR. 31
Druckhand am Slalom
Auch hier gilt das oben ausgeführte. Sie können das Anlernen am Slalom wie am Steg behandeln. Bei beiden Übungen müssen Sie Ihren Hund wieder rechts und links führen. Selbstverständlich können Sie die Druckhand auch bei anderen Hindernissen einsetzen, wenn Ihr Hund diese akzeptiert.

Das »WEG«-Kommando

Dieses Kommando setzt man ein, wenn es durch den Parcoursverlauf nicht möglich ist, den Hund über das nächste Hindernis zu »ziehen« und wenn man ihn stattdessen »drücken« muss. Wenn Ihr Hund dieses Hörzeichen augenblicklich umsetzen kann, können Sie Zusammenstöße vermeiden (Hundberührung, Fehler). Er löst sich von Ihnen und läuft das nächste Hindernis richtig, ohne zu zögern und zu drehen an.

Setzen Sie das Hörzeichen gleichzeitig mit dem entsprechenden Handzeichen, in den meisten Fällen ist dies die Sperrhand, ein. Hierbei können Sie zum Beispiel geradeaus weiterlaufen, während Ihr Hund auf das nächste Hindernis zuläuft. Sie gewinnen dadurch einen kleinen Vorsprung und können sich für den weiteren Parcoursverlauf richtig positionieren. Außerdem müssen Sie sich nicht überlegen, ob Sie das Hörzeichen »links« oder »rechts« geben müssen. Für einige Hundeführer eine wichtige Entscheidung!

PARCOURS NR. 32

Weg-Kommando

Stellen Sie die Hürden wie in der Zeichnung dargestellt auf und laufen Sie mit dem links geführten Hund. Geben Sie am blauen Punkt das Hörzeichen »Weg!« und drehen Ihren Oberkörper ein wenig nach links. Gleichzeitig strecken Sie Ihren rechten Arm als »Sperrhand« nach links. Der geradeaus durchlaufen können. Danach brauchen Sie für das Kommando meistens nur noch die Führhand als Sichtzeichen wegzustrecken und zusätzlich das Hörzeichen zu geben. Die meisten Hunde reagieren schon alleine auf das Hörzeichen.

Das Weg-Kommando kann man bei allen Hindernissen anwenden, die entsprechend angeordnet sind.

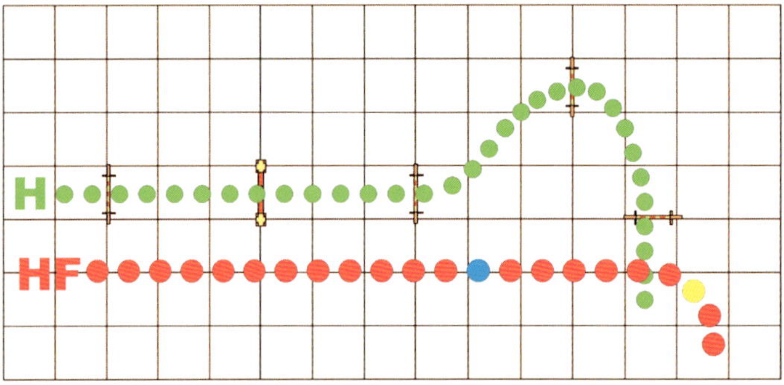

Parcours Nr. 32

Hund ist auf gleicher Höhe. Er wird die Körpersprache richtig deuten und nach links über die nächste Hürde springen. Sie können geradeaus weiterlaufen und am gelben Punkt wechseln.

Zu Beginn können Sie den Hund unterstützen, indem Sie ein wenig nach links zur Hürde mitlaufen. Das Gleiche üben Sie mit dem rechts geführten Hund mit der linken, ausgestreckten »Sperrhand«. Hierzu müssen Sie die Hindernisse entsprechend aufstellen.

Die Übungen wiederholen Sie, bis der Hund sie beherrscht und Sie voll

PARCOURS NR. 33

Weg-Kommando am Tunnel

Sie können in dieser Sequenz mit voller Geschwindigkeit geradeaus durchlaufen, wenn Ihr Hund am blauen Punkt das Weg-Kommando beherrscht.

Er läuft in den Tunnel und Sie können ohne Hast am gelben Punkt die Führseite wechseln, um ihn über die letzte Hürde zu führen.

Sie sehen, wie effektiv es ist, wenn Sie die richtige Körpersprache einsetzen und diese durch die entsprechenden Hand- und Hörzeichen noch unterstützen können.

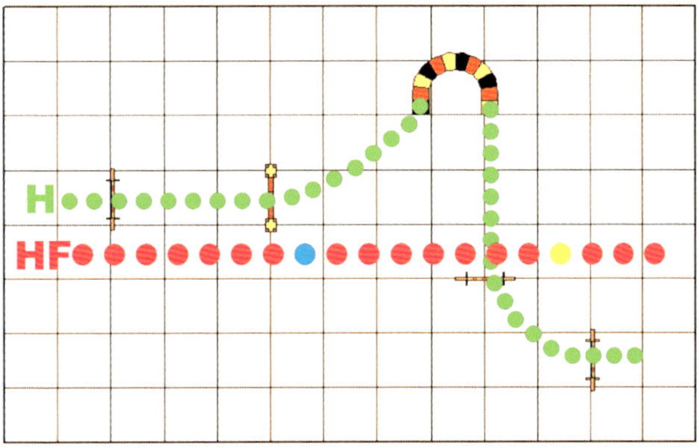

Parcours Nr. 33

PARCOURS NR. 34
Weg-Kommando in einer Sequenz
In der unteren Sequenz können Sie ebenfalls geradeaus bis zum gelben Punkt durchlaufen. Hier wechseln Sie die Führhand. An den blauen Punkten können Sie Ihrem Hund durch das Weg-Kommando die entsprechende Richtung anzeigen.

Insgesamt müssen Sie, wenn der Hund das Weg-Kommando beherrscht, nicht zu jedem Hindernis mitlaufen und können sich frühzeitig für den weiteren Verlauf des Parcours positionieren.

Ihr Lauf wird dadurch runder und nicht mehr so hektisch. So haben Sie zwischendurch immer wieder Zeit und die nötige Ruhe, um sich auf den Parcours zu konzentrieren. Und das wird sich positiv auf Ihren Hund übertragen!

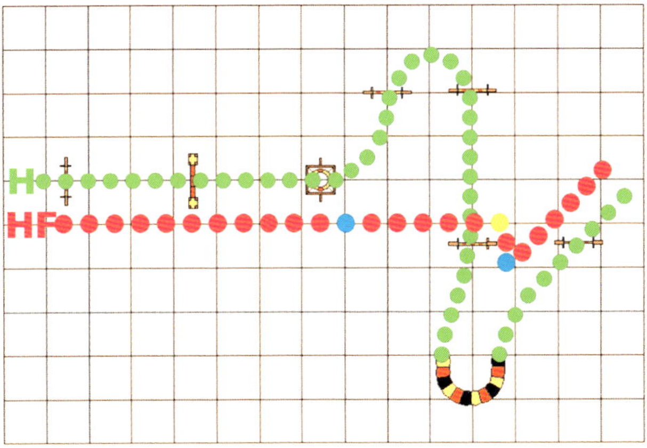

Parcours Nr. 34

HÖRZEICHEN

Hunde hören Töne mit Frequenzen von bis zu 100 Kilohertz, Kinder solche mit bis zu 20 Kilohertz. Erwachsene können nur deutlich tiefere Töne wahrnehmen.

Die Hunde drehen ihre Ohren, um die Laute besser aufzunehmen. Es ist deshalb absolut nicht erforderlich, im Parcours die Hunde anzuschreien.

Ich höre immer wieder auf den Turnieren, wie Hundeführer ihre Hunde folgendermaßen über den Parcours »rufen«:

»NAME DES HUNDES – UND – HOPP« und wieder vor dem nächsten Hindernis:

»NAME DES HUNDES – UND – HOPP« und so weiter ...

Wie soll der Hund da wissen, was er machen soll? Soll er zum Hundeführer kommen, weil sein Name gerufen wurde? Wann soll er springen? Bei UND oder bei HOPP?

Eindeutige und klare Hörzeichen müssen im Training und im Parcours so häufig wie nötig und so selten wie möglich gegeben werden. Überschütten Sie den Hund nicht mit Wortschwallen, »kauen Sie ihm kein Ohr ab«! Sonst wird er mit der Zeit gar nicht mehr auf die Hörzeichen reagieren, weil er ihnen eh keine Bedeutung mehr beimisst und einfach »dichtmacht«.

Bei Hörzeichen gilt:
Weniger ist mehr !

Ich habe es mir angewöhnt, meinen Hund nur an den Kontaktzonen mit seinem Namen zu rufen und dann, wenn sämtliche Alarmsirenen aufheulen, weil wir vor einem DIS stehen.

Bei den Hörzeichen ist außerdem die Tonlage entscheidend: Je höher der Ton, desto aufmunternder ist das Hörzeichen für den Hund. Durch einen hohen Ton wird er in der Ausführung bestätigt.

Je tiefer der Ton, desto bedrückender. Durch einen tiefen Ton wird der Hund nicht bestätigt, sondern darauf aufmerksam gemacht, dass etwas nicht in Ordnung ist.

Unterstützen Sie die Hörzeichen immer mit der notwendigen Körpersprache und den Handzeichen – sprechen Sie immer mindestens zwei Sinne des Hundes (Seh- und Hörsinn) gleichzeitig an! Geben Sie klare, eindeutige Hörzeichen, um keine Verwechslungen beim Hund zu erzeugen (z.B. Steg und Steh).

Achten Sie darauf, dass der Hund **frühzeitig** vor dem nächsten Hindernis das Hör- und Sichtzeichen bekommt. Es geht nicht an, dass der Hund schon unmittelbar vor dem Hindernis steht und dann erst das Zeichen bekommt. Er weiß dann nicht, wie und wo es weiter geht, er fängt an zu bellen, zu drehen, wird langsam und ist unsicher.

Beispiele für Hörzeichen

Welche Hörzeichen man verwendet, bleibt jedem selbst überlassen. Dem Hund ist es egal, ob sie in deutsch, englisch oder kisuaheli gegeben werden. Sie sollten nur möglichst kurz und einprägsam sein und müssen unbedingt immer gleich bleiben!

Meine Hörzeichen sind:

Bei sämtlichen Hindernissen: VOR
Slalom: SLALOM
Flex- und Sack-Tunnel: DURCH
Wand, Steg: HOCH, BALU, SUCH, BLEIB, BALU (wird im Kapitel: Kontaktzonen erklärt)
Wippe: WIPPE, BLEIB, BALU
Tisch: TISCH
LINKS bzw. RECHTS bei Richtungswechsel
ZU wenn mein Hund ohne Umwege, ohne dass er ein Hindernis nimmt, sofort schnell zu mir kommen soll.

Mit den unterschiedlichen Hörzeichen »HOCH« und »WIPPE« (für Steg bzw. Wippe) mache ich meinem Hund deutlich, dass es sich um verschiedene Hindernisse handelt; obwohl beide vom Aufgang her für ihn gleich aussehen.

Dadurch ist gewährleistet, dass er über die Wippe nicht wie über den Steg hinüberfegt und einen »Flyer« produziert.

Er weiß beim Hörlaut »WIPPE«, dass er bis zum Anfang der Kontaktzone laufen und die Planke herunterdrücken soll und dass er das Gerät etwas verhaltener angehen muss.

Richtungskommandos

Wenn mit verbalen Richtungskommandos gearbeitet wird, müssen diese unbedingt durch die Körpersprache unterstützt werden. Die Richtungskommandos können ideal zum Einsatz kommen, wenn der Hund so weit vor uns arbeitet, dass er eventuell unsere Körpersprache nicht mehr detailliert wahrnehmen kann.

KOMMANDO: »RECHTS« / »LINKS«

Lehren Sie immer zuerst nur ein Kommando (z.B. »rechts«) und nehmen Sie das zweite erst dann dazu, wenn das erste sicher und in jedem Durchgang funktioniert.

Trainieren Sie zuerst ohne Verleitungen. Bauen Sie diese erst dann ein, wenn der Hund sicher auf das Kommando reagiert – so müssen Sie nicht andauernd mit Korrekturen arbeiten.

Die Richtungskommandos können Sie auch wunderbar auf jedem Spaziergang trainieren, zum Beispiel mit einer Flexleine. Durch die lange Leine haben Sie trotz aller Bewegungsfreiheit des Hundes Einfluss auf sein Verhalten und können ihn korrigieren. Setzen Sie zusätzlich Ihre Körpersprache ein und drehen Sie sich entsprechend, wenn Sie zum Beispiel von einer Straßenseite auf die andere wechseln.

Vorsicht! Vergessen Sie nicht, dass die Richtung entgegengesetzt ist, wenn der Hund auf Sie zu arbeitet: Aus rechts wird links und umgekehrt!

TIPP:

Da sich »links« und »rechts« fast ein wenig ähnlich anhören, besonders, wenn man sie in der Hektik schnell ruft, kann man eines der Kommandos abkürzen und vor allem in unterschiedlicher Tonart aussprechen.

Wird vom Hundeführer auch ein »Hier« oder ein »Zu mir« (»i-Hörlaute«) eingesetzt, dann sollte der zweite Hörlaut in höherer Tonlage gesprochen werden, damit der Hund problemlos unterscheiden kann.

Richtungskommandos immer zusammen mit der Körpersprache trainieren. Belohnung nicht vergessen!

PARCOURS NR. 35
Rechts-Kommando

Stellen Sie die Hürden laut Plan auf und vermeiden Sie anfänglich zu große Distanzen zwischen den Hürden sowie vor allem Verleitungshindernisse irgendwo in der Nähe. Es geht hier um das Erlernen eines neuen Kommandos, und das sollten Sie dem Hund so leicht wie irgendmöglich machen.

Anfänglich laufen Sie mit dem links geführten Hund mit, wenn das Rechts-Kommando erlernt wird. Entsprechend mit dem rechts geführten Hund, wenn das Links-Kommando erlernt wird.

Seien Sie in Körpersprache und Handzeichen deutlich und eindeutig!

PARCOURS NR. 36
Links-Kommando

Mit fortschreitendem Training laufen Sie mit dem Hund immer weniger und weniger mit, bis Sie nur mehr im Stand (am Start verbleibend) mit dem Körper die Richtung angeben und zusätzlich das Richtungskommando rufen.

Zur besseren Verständlichkeit für den Hund kann anfänglich auch sein Motivationsgegenstand in die Richtung geworfen werden, in die er sich bewegen soll.

In der weiteren Folge können Sie dann »ausprobieren«, ob der Hund das Kommando auch ohne Körpersprache annimmt.

Zügeln Sie beim Einüben der Richtungskommandos unbedingt falschen Ehrgeiz und Ungeduld! Es kann schon einige Zeit dauern, bis der Hund die Hörzeichen richtig ausführt. Wenn Ihr Hund die Richtungskommandos gut beherrscht, können Sie diese hervorragend in Ihrem Lauf einsetzen.

Bedenken Sie immer: Das gelingt nicht von heute auf morgen und bedarf vieler kurzer Trainingseinheiten!

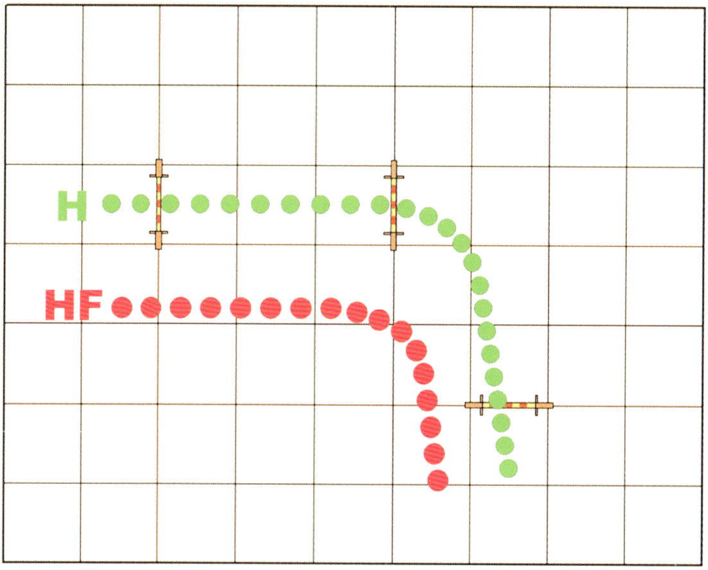

Parcours Nr. 35

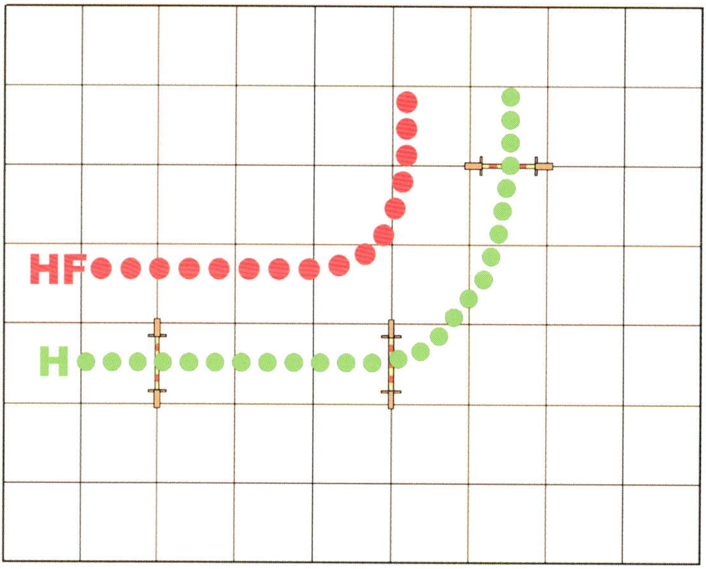

Parcours Nr. 36

Kapitel 3

Trainingstipps allgemein

AUFWÄRMEN

Vor jedem Training und vor jedem Lauf im Parcours müssen Sie sich selbst und Ihren Hund warm machen, sozusagen auf »Betriebstemperatur« bringen. Und das bei jedem Wetter! Ich habe es, mitten im Sommer, am eigenen Leib erfahren: Achillessehnenabriss – mit fast einem dreiviertel Jahr Pause als Folge. Schlimm für meinen Border Collie »Balu«.

Über Dehnübungen gibt es genügend gute Literatur, so dass ich nicht weiter darauf eingehen werde. Das Gleiche gilt für die Massage des Hundes.

Beides sollte, wenn möglich, vor jedem Start, egal ob Wettkampf oder Training, durchgeführt werden.

Vor einem Turnier oder vor dem Training gehen Sie am besten mit dem Hund 20 bis 30 Minuten stramm spazieren. Dabei werden sämtliche Muskeln warm gelaufen, eventuellen Zerrungen wird vorgebeugt.

Die Aufwärmphase mit dem Hund kann man im Training ohne Hindernisse gut ausführen.

Man kann dabei zum Beispiel prima gleichzeitig das »RECHTS/LINKS« Kommando üben und den Hund auf Führhand und auf Körpersprache konditionieren.

Aufwärmende Übung:
Rechts- und Linksdrehung

Setzen Sie den Hund an Ihre linke Seite, gehen mit ihm ein paar Schritte voran und geben das Kommando »Vor«. Gleichzeitig zeigen Sie mit der linken Führhand geradeaus nach vorn.

Der Hund sollte vorauslaufen. Drehen Sie sich nach rechts, gleichzeitig heben Sie die linke Hand (Führhand) wieder bis auf Schulterhöhe und rufen dem Hund das Kommando »Rechts« zu.

Der Hund wird die Richtungsänderung durch die Drehung Ihres Körpers annehmen und gleichzeitig auf den Hörlaut konditioniert. Diese Übung müssen Sie in kurzen Intervallen öfter wiederholen.

Wenn der Hund die Übung ohne Probleme absolviert, können Sie es ohne Hörzeichen versuchen: Der Hund wird nur noch auf Ihre Körpersprache reagieren.

Das Gleiche erfolgt mit der Linksdrehung und dem rechts geführten Hund.

Die Übungen für Rechts- und Linksdrehung eignen sich gut, um sie während der Aufwärmphase, aber auch auf täglichen Spaziergängen immer wieder mal zu wiederholen und aufzufrischen.

ABRUFEN

Auf Turnieren ist häufig zu beobachten, dass manche Hundeführer ihre Hunde nicht abrufen können. Die Hunde bleiben nicht sitzen, rennen schon vor dem eigentlichen Abrufen früher los und bringen dadurch ihren Hundeführer in Bedrängnis, weil dieser noch nicht seine Position im Parcours eingenommen hat. Das muss nicht sein!

Ich beschreibe deshalb ausführlich mein erfolgreiches Training zum Abrufen, obwohl jeder Hund, der Agility ausübt, dies als das »Kleine Einmaleins« beherrschen sollte.

Das Abrufen und Sitzenbleiben des Hundes muss intensiv trainiert werden, damit Sie in Ruhe und ohne Aufregung Ihre Position beim Start im Parcours einnehmen können. Ein Frühstart des Hundes beim Turnier ist unbedingt zu vermeiden!

Setzen Sie Ihren Hund rechts bzw. links ab und geben ihm das Hörzeichen »BLEIBEN«.

Danach gehen Sie rückwärts in den Parcours und zeigen ihm die Brust sowie die erhobene Handinnenfläche (Druckhand). Das bedeutet für ihn, dass er sitzen und auf Spannung bleiben soll, bis er abgerufen wird. Diese Spannung vor dem Start kann sogar einige Zehntel Sekunden Zeitersparnis im Parcours bedeuten.

Beim Rückwärtsgehen müssen Sie aufpassen, dass Sie keine anderen Hindernisse berühren oder sogar umwerfen! Bleiben Sie stehen, nehmen Sie Blickkontakt mit Ihrem Hund auf und rufen ihn dann, ganz ohne Hektik, mit seinem Namen ab. Machen Sie dabei keine Handbewegung! Wenn Sie ihn hier auf eine Handbewegung konditionieren, können Sie möglicherweise später durch eine unbedachte Bewegung mit dem Arm einen Frühstart verursachen.

Hürdenbahn

Stellen Sie die Hürdenbahn mit 3 bis 7 Hürden (offen) in gerader Linie auf und variieren Sie die Abstände zwischen den Hürden bei jeder Trainingseinheit von 4 bis 8 Schritt.
Stangenhöhe = MINI/MIDI: 15 bis 20 cm, MAXI: 40 bis 50 cm.

PARCOURS NR. 37

Abrufen über die erste Hürde

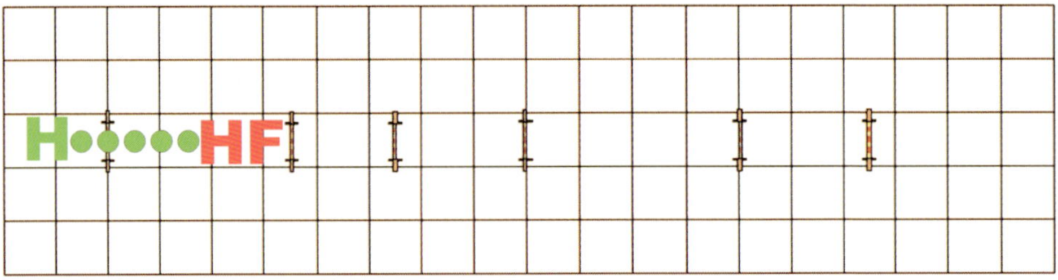

Parcours Nr. 37

Abrufen über die erste Hürde

Legen Sie innerhalb einer Trainingseinheit die Stangen nicht höher!

Falls die Anfangshöhe nicht gesprungen wird, müssen Sie die Stangen fünf Zentimeter niedriger legen, eventuell muss zusätzlich eine zweite Stange hineingelegt werden. Setzen Sie den Hund gerade und im ausreichenden Abstand vor der erste Hürde ab und stellen Sie sich vor die zweite Hürde. Danach rufen Sie den Hund über die erste Hürde mit seinem Namen ab.

Nach dem fehlerfreien Sprung spielen und den Hund belohnen!

PARCOURS NR. 38
Abrufen über zwei Hürden

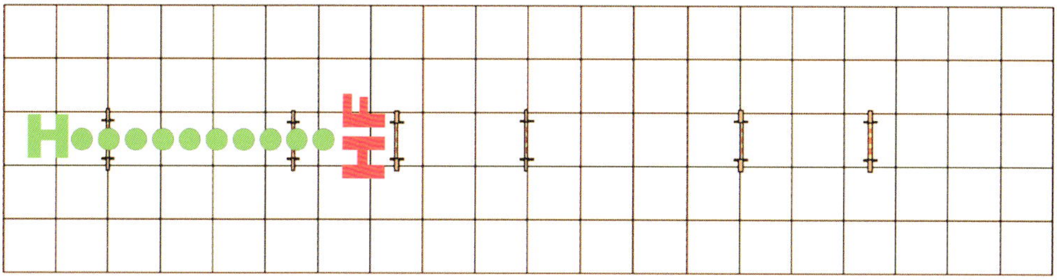

Parcours Nr. 38

Abrufen über die erste und zweite Hürde

Stellen Sie sich vor die dritte Hürde und rufen den Hund über die erste und zweite Hürde mit seinem Namen ab. Nach den fehlerfreien Sprüngen spielen und belohnen. Mit den weiteren Hürden entsprechend wiederholen.

Wenn die Anfangshöhen sicher gesprungen wurden, können Sie die Stangen bei der nächsten Trainingseinheit um fünf Zentimeter höher legen. Mit dem Abrufen fortfahren, bis die maximalen Höhen in der jeweiligen Klasse erreicht werden.

Lassen Sie den Hund niemals über die Hürden zurückspringen oder unter den Hürden hindurchlaufen!

Abrufen über die gesamte Sprungbahn

PARCOURS NR. 39

Abrufen über verschiedene Sprunghindernisse

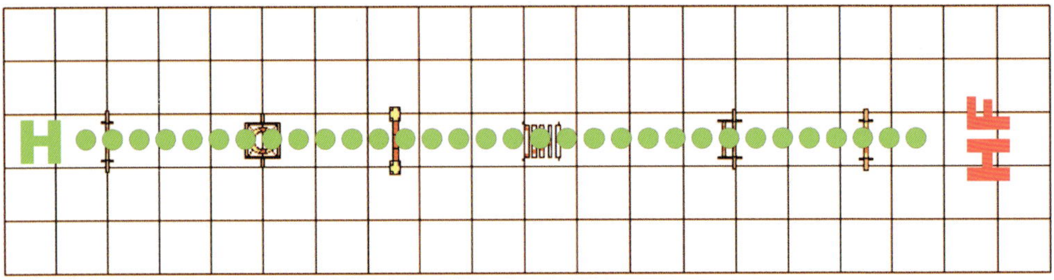

Parcours Nr. 39

Setzen Sie die Übung »Abrufen« auch über verschiedene andere Sprung-Hindernisse fort (Buschhürde, Mauer, geschlossene Hürden, Doppelhürden, Reifen, Weitsprung).

PARCOURS NR. 40

Schräg abrufen

Manchmal ist es notwendig, den Hund schräg über die Starthürde abzurufen, wenn der Parcours-Verlauf dies erfordert. Die Linie zum Hund soll dabei eine Gerade sein, er muss Sie auf alle Fälle sehen können. Er sollte hierbei lernen, da er schräg über die Stange springt, etwas länger gestreckt zu bleiben und nicht sofort die Beine fallen zu lassen. Nach einigen Übungseinheiten wird der Hund ohne Fehler auch

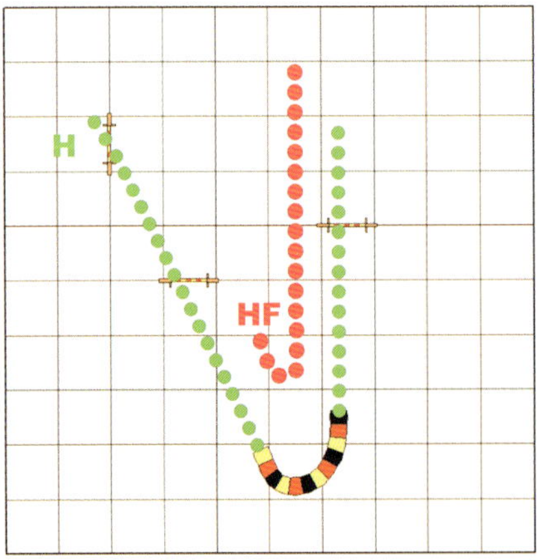

Parcours Nr. 40

über schräg gestellte Hürden springen. Das Abruftraining müssen Sie mindestens sechs bis acht Wochen lang immer wieder durchführen, bis Ihr Hund die Übungen verstanden hat. Besser ist es, das Abrufen das ganze Jahr hindurch immer wieder in unterschiedlichen Aufstellungen und Abfolgen mit dem Hund zu üben.

VORAUSSCHICKEN

Der Hund soll auf das Hörzeichen »Vor« oder »Voraus« und das dazu passende Handzeichen vom Hundeführer weg vorauslaufen. Grundsätzlich gilt hier das Gleiche, wie bereits in den Vorbemerkungen zum Abschnitt »ABRUFEN« ausgeführt.

Zuerst trainieren Sie das Vorauskommando ohne Hindernisse. Stellen Sie Ihrem Hund zu Beginn der Übung beispielsweise einen Teller mit Leckerli in zwei bis drei Meter Entfernung auf und lassen ihn neben sich sitzen. Er muss den Teller auf alle Fälle sehen und wissen, dass dort Leckerlis sind. Mit dem Kommando »Vor« oder »Voraus« (eins von beiden auswählen und dann konsequent dabei bleiben!) zeigen Sie mit dem ausgestreckten Arm auf den Teller. Er wird dort so schnell wie möglich hinlaufen, um an die Leckerlis zu kommen. Lassen Sie ihn fressen und loben Sie ihn.

Das Gleiche müssen Sie auch mit seinem Lieblingsspielzeug machen. Das ist auf Dauer besser, weil es aufmunternder ist als das eher beruhigende Fressen der Leckerlis, das den Hund langsamer machen könnte. Wenn möglich, sollten Sie ihn sogar von Beginn an nur mit seinem Lieblingsspielzeug (Ball, Beißwurst u.ä.) trainieren.

Wiederholen Sie diese Übungen mehrmals. Wenn Sie merken, dass er das »VOR«-Kommando verstanden hat, vergrößern Sie den Abstand zwischen sich und dem Teller um ein bis zwei Meter. Bei korrekter Ausführung durch den Hund vergrößern Sie die Entfernung des Tellers bis auf etwa 10 bis 12 Meter.

Danach reduzieren Sie die Leckerlis oder nehmen nur noch das Spielzeug, nehmen den Teller fort und lassen den Hund zum Schluss ohne Hilfsmittel das Kommando ausführen. Erst wenn er Ihr Hörzeichen ohne zu zögern befolgt, können Sie mit dem Hindernistraining für das »VOR«-Kommando beginnen.

ÜBUNG:

Stellen Sie eine Hürdenbahn so auf, wie im Abschnitt »ABRUFEN« geschildert. Setzen Sie Ihren Hund gerade vor die erste Hürde und schicken ihn, links geführt, mit dem Hörzeichen »VOR« darüber. Dabei geben Sie ihm mit der linken Hand, als »FÜHRHAND«, die Richtung an. Zeigen Sie dabei nicht in den Himmel!

PARCOURS NR.41
Voraus über die erste Hürde

Bleiben Sie bei dieser Übung vor der ersten Hürde stehen, geben Sie Ihr

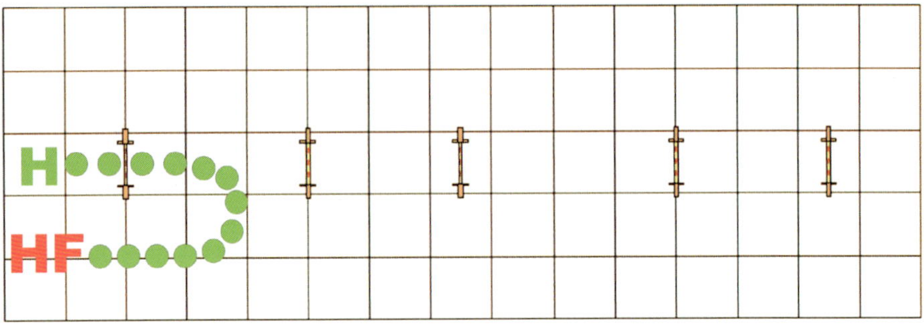

Parcours Nr. 41

Hörzeichen (»Vor« oder »Voraus«) und das dazu passende Handzeichen wie oben. Eventuell müssen Sie zu Beginn der Übung wieder den Teller mit den Leckerlis oder das Spielzeug hinstellen. Außerdem ist es am Anfang sicherlich hilfreich, wenn Sie die ersten Meter mitlaufen, damit Ihr Hund nicht unter der ersten Stange hindurch läuft.

Manche Hunde lieben das Wettrennen mit ihrem Hundeführer über alles und springen nur, wenn derselbe neben der Hürde her rennt. Nach anfänglichen Schwierigkeiten verstehen aber auch solche Hunde, was man von ihnen will, wenn man nur geduldig und konsequent genug vorgeht.

Nach dem Sprung werfen Sie sein Lieblingsspielzeug, und zwar idealerweise genau dann, wenn der Hund landet. Würden Sie es vor dem Absprung werfen, könnten Sie möglicherweise provozieren, dass der Hund unter der Hürde hindurch läuft. Genaues Werfen ist hierbei unbedingt erforderlich, damit das Spielzeug genau in der Laufbahn des Hundes landet und nicht etwa seitlich daneben.

Rufen Sie Ihren Hund nach dem Sprung immer seitlich zurück und belohnen Sie ihn.

ACHTUNG!

Lassen Sie den Hund nach dem Sprung nie über die Hürden zu Ihnen zurückspringen oder unter den Hürden hindurchlaufen!

PARCOURS NR. 42

Voraus über zwei Hürden

Nachdem Ihr Hund das Kommando »VOR« über die erste Hürde korrekt ausgeführt hat, schicken Sie ihn über die zweite Hürde. Bleiben Sie an der zweiten Hürde stehen und werfen Sie das Spielzeug gezielt nach vorne.

Wenn beide Hürden einwandfrei gesprungen werden, lassen Sie die Hürden 1 und 2 in einem Durchgang springen: Bleiben Sie an der ersten

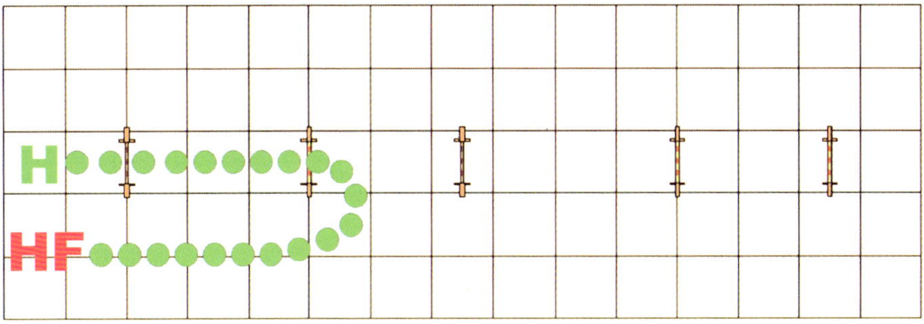

Parcours Nr. 42

Hürde stehen und werfen gezielt das Spielzeug über die zweite Hürde nach vorne.

Schicken Sie den Hund mit Hörzeichen »VOR« über die dritte Hürde. Bleiben Sie an dieser Hürde stehen und werfen gezielt das Spielzeug nach vorne. Wenn die Hürden 2 und 3 einzeln einwandfrei gesprungen werden, lassen Sie die Hürden 2 und 3 in einem Durchgang springen. Bleiben Sie an der 2. Hürde stehen und werfen gezielt das Spielzeug über beide Hürden nach vorne heraus.

Wenn beide Hürden einwandfrei gesprungen werden, können Sie die Hürden 1 bis 3 in einem Durchgang springen lassen. Laufen Sie zu Beginn an der ersten Hürde noch parallel mit und werfen das Spielzeug an der zweiten Hürde nach vorne bis hinter die dritte Hürde. Später, wenn der Hund weniger Hilfestellung braucht, werfen Sie das Spielzeug über alle drei Hürden nach vorne.

Wiederholen Sie das Gleiche mit den Hürden 4 und 5. Danach können Sie Ihren Hund über alle Hürden voraus schicken. Laufen Sie zu Beginn etwas mit, bleiben aber mit fortschreitender Übung immer weiter hinter dem Hund zurück.

Ziel dieser Übung ist es, den Hund über alle fünf Hürden zu schicken, ohne dass der Hundeführer mitläuft.

PARCOURS NR. 43

Voraus über die gesamte Länge

Wenn alles klappt, wiederholen Sie die Übungen mit dem rechts geführten Hund.

Wenn die Ausgangshöhen sicher gesprungen werden, können Sie die Stangen fünf Zentimeter höher legen. Fahren Sie mit dem Voraustraining (rechts und links geführt) so lange fort, bis die maximalen Höhen erreicht werden.

Setzen Sie dann Ihre Übungen über verschiedene andere Hindernisse fort: Buschhürde, Mauer, geschlossene Hürden, Reifen, Weitsprung ...

Wenn diese Übungen absolut sicher vom Hund ausgeführt werden und er

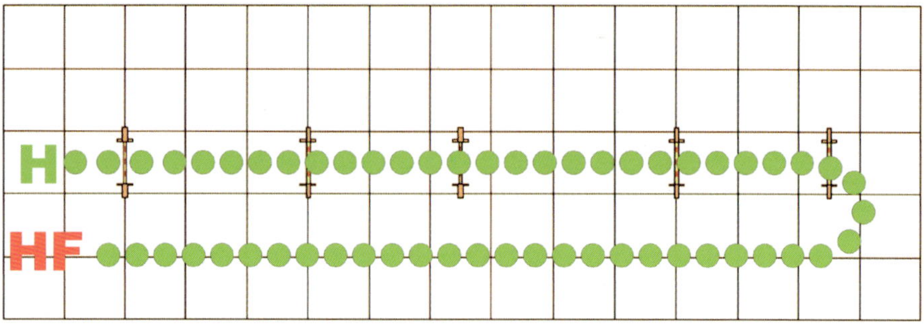

Parcours Nr. 43

das Hörzeichen verstanden hat, können Sie mit der Führigkeit beginnen. (siehe Kapitel 4, Sprungtraining.)

Bis der Hund das Hörzeichen »Vor« sicher mit dem Vorauslaufen über die Hürden verknüpft hat, müssen Sie mit einer Trainingszeit von sechs bis acht Wochen rechnen. Also bitte Geduld, wenn es nicht sofort klappt!

Am besten ist es, wenn Sie das Vorausschicken das ganze Jahr über immer wieder in unterschiedlichen Aufstellungen und Abfolgen mit Ihrem Hund trainieren. Variieren Sie die Übungen dabei, damit das Training nicht langweilig wird!

Voraus über die gesamte Hürdenbahn

Kapitel 4

Sprungtraining

Wenn sowohl das Abrufen als auch das Vorausschicken ohne Fehler von Ihrem Hund ausgeführt werden, beginnen Sie mit dem Sprungtraining.

Auf das Sprungtraining lege ich sehr viel Wert: Jede zweite bis dritte Trainingseinheit beginnt mit dieser Übung. Dabei stehen immer wieder andere Hindernisfolgen, damit das Training abwechslungsreich bleibt.

In dieser Trainingseinheit soll der Hund lernen, seine eigene Sprungtechnik zu finden, auf Ihre Körpersprache zu achten und die Hürden sicher und ohne Fehler zu springen. Sie selbst trainieren dabei Ihre Körpersprache, den Einsatz von Händen und Hörzeichen und finden den besten Arbeitsabstand zu Ihrem Hund heraus.

Stellen Sie eine Hürdenbahn mit sechs bis acht offenen Hürden in gerader Linie auf. Die Abstände sollten zwischen vier und acht Metern variieren, die Stangenhöhen betragen bei MINI/MIDI 15-20 cm und bei MAXI 40-50 cm.

Während einer Trainingseinheit dürfen die Stangen nicht höher gelegt werden! Falls die Anfangshöhe nicht gesprungen wird, werden die Stangen fünf Zentimeter niedriger gelegt, eventuell muss eine zweite Stange eingelegt werden.

PARCOURS NR. 44

Sprungtraining Hürdenbahn

Setzen Sie den Hund gerade und weit genug entfernt vor der ersten Hürde ab. Führen Sie ihn links und schicken Sie ihn mit dem Hörzeichen »VOR« über die erste Hürde. Laufen Sie von Beginn an mit. Geben Sie das Hörzeichen frühzeitig vor jedem Hindernis. Mit der linken Hand als Führhand geben Sie die Richtung an. Die Höhe der Hand sollte bei MINI/MIDI auf Hüfthöhe sein, bei den MAXIS nicht höher als die eigene Schulter. Nicht in den Himmel zeigen! Nach dem letzten Sprung werfen Sie das Spielzeug, wobei genaues Werfen wichtig ist. Es muss genau in der gedachten idealen Laufbahn des Hundes landen und nicht etwa seitlich daneben.

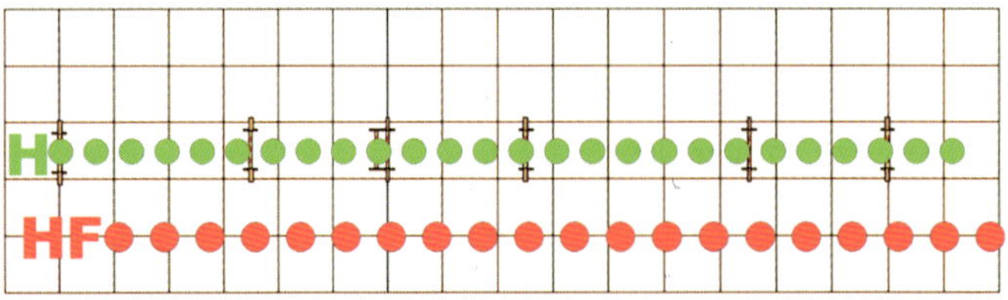

Parcours Nr. 44

Das Gleiche absolvieren Sie mit dem rechts geführten Hund, jetzt wird die rechte Hand als Führhand eingesetzt.

Durch die unterschiedlichen Abstände zwischen den Hürden muss der Hund bei diesen Übungen seinen eigenen Absprungpunkt finden, damit er später im Parcours auch bei hoher Geschwindigkeit oder bei wenig Platz zwischen den Geräten sicher springt.

Wenn die Anfangshöhen sicher gesprungen werden, können Sie die Stangen bei der nächsten Trainingseinheit fünf Zentimeter höher legen. Üben Sie so lange, bis die maximale Höhe für die jeweilige Klasse erreicht ist. Falls der Hund die Stangen reißt oder vor jeder Hürde trippelt, um Maß zu nehmen, legen Sie die Stangen um fünf bis zehn Zentimeter niedriger und beginnen wieder von vorn. Es führt zu nichts, wenn man einen Hund über zu hohe Stangen jagt: Dadurch wird er nicht sicher und findet keinen eigenen Rhythmus. Üben Sie lieber etwas länger und haben dafür später einen sicheren Springer anstatt eines Stangenreißers!

Später kann man die Trainingshöhen variieren, weil der Hund lernen sollte, dass im Parcours auch unterschiedliche Hindernishöhen vorkommen können. Ich persönlich finde es schnellen Hunden gegenüber übrigens eher unfair, wenn die Richter zwischendrin eine Stange höher legen. Die Hunde stellen sich auf die Anfangshöhe ein und springen extrem flach darüber, um Zeit zur sparen. Liegt dann zwischendrin plötzlich eine Stange 5 cm höher, haben sie natürlich Schwierigkeiten. Aber weil es eben auf Turnieren oft so gestellt wird, müssen Sie auch das trainieren.

Führigkeit trainieren

Wenn die oben dargestellten Sprungübungen absolut sicher klappen und der Hund die Bedeutung der Hörzeichen sicher kennt, sollten Sie daran arbeiten, die Führigkeit Ihres Hundes während des Springens zu verbessern, zum, Beispiel mit folgenden Übungen:

PARCOURS NR. 45
Sprungtraining Führigkeit
Lassen Sie den Hund über die erste und zweite Hürde springen, laufen Sie mit und rufen Sie ihn vor der dritten Hürde seitlich hinaus. Spielen und belohnen nicht vergessen!

Dann lassen Sie ihn über drei Hürden springen und rufen ihn vor der

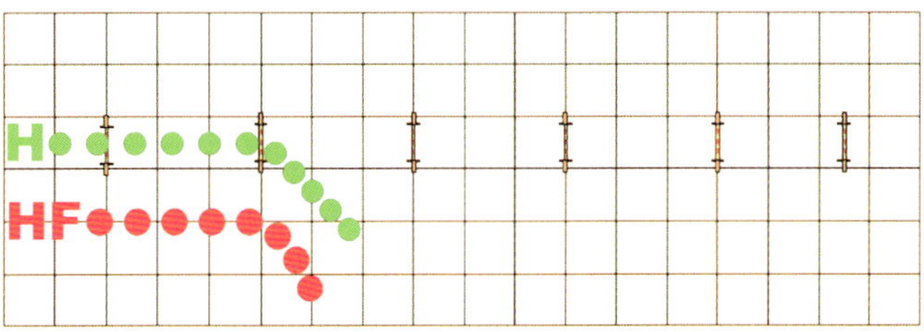

Parcours Nr. 45

vierten hinaus, dann zwischen der ersten und zweiten und so weiter – in möglichst vielen Variationen, damit der Hund auf Sie achtet und die Übung nie für ihn vorhersehbar wird.

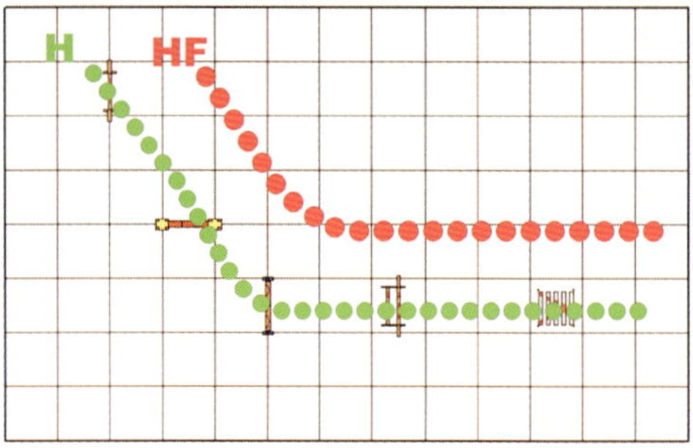

Parcours Nr. 46 a

PARCOURS NR. 46 a und b
Sprungtraining Varianten
Wenn der Hund nach sechs bis acht Wochen (oder länger) einwandfrei die Hürden bis zur jeweiligen maximalen Höhe seiner Klasse überspringt, beginnen Sie mit dem Training für die geschlossenen Hürden, die Doppelhürden, die Buschhürde, für Mauer, Reifen, Tisch und Weitsprung.

Führen Sie das Sprungtraining das ganze Jahr in unterschiedlichen Aufstellungen und Abfolgen durch! Mit Abwechslung in Art und Aufstellung der Hindernisse erhalten Sie den Teams den Spaß am Springen.

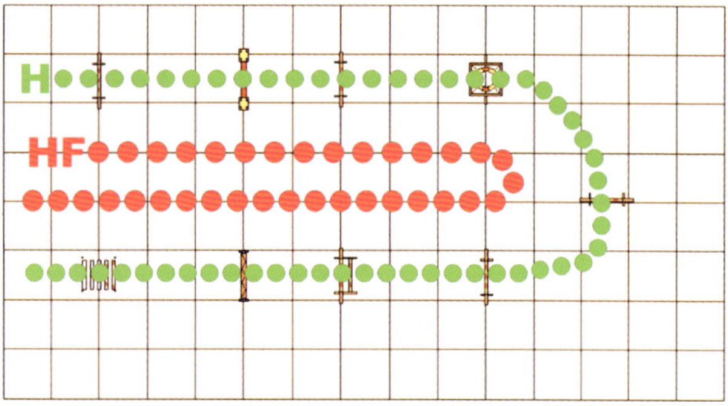

Parcours Nr. 46 b

PARCOURS NR. 47
Sprungtraining

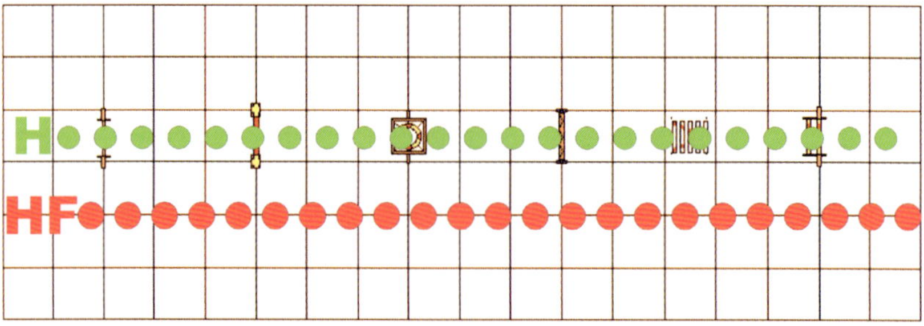

Parcours Nr. 47

Probleme und Lösungen

STANGENFEHLER

a) Der Hund reißt die Stangen

Mögliche Ursachen:
Die Ursachen können vielfältig sein und müssen durch genaue Beobachtung des Hundes, evtl. auch anhand von Videoaufnahmen und am besten mit Hilfe eines Trainers herausgefunden werden.

Unbedingt abgeklärt werden muss, ob nicht evtl. gesundheitliche Gründe für die mangelnde Sprungleistung verantwortlich sind und ob der Hund nicht körperlich oder geistig überfordert wird. Ist das nicht der Fall, sind fast immer in der Ausbildung Fehler gemacht worden: Es wurde zu schnell vorgegangen und/oder der Hund wurde nicht ausreichend motiviert und/oder der Hund hat nicht verstanden, was wir von ihm wollen. Suchen Sie den Fehler immer zuerst bei sich selbst und nicht beim Hund!

b) Der Hund springt nur auf das Kommando (Hörzeichen) des Hundeführers.

Mögliche Ursachen:
Der Hund teilt sich den Sprung nicht selbstständig ein, sondern erwartet jedes Mal das Kommando seines Hundeführers.

Mögliche Lösung:
Das Team muss einige Wochen lang ohne Hörzeichen trainieren. Der Hund sollte nur über die Körpersprache und mit den notwendigen Handzeichen geführt werden. Hierbei muss der Hundeführer flott mitlaufen, was übrigens für die Fitness des Teams nur zu empfehlen ist! Danach sind nur noch Hörzeichen für die jeweiligen Hindernisse zu geben, der Hund sollte weitestgehend selbstständig arbeiten.

c) Der Hund springt zu früh/zu spät ab, er trippelt vor der Hürde und springt wie ein Känguru.

Mögliche Ursachen:
Dieser Hund hat sicherlich nie richtig springen gelernt und wurde viel zu früh über die maximale Stangenhöhe gearbeitet. Vielleicht wurde auch mit dem Kommando »Langsam« gearbeitet und der Hund musste auf seinen Hundeführer warten.

Mögliche Lösung:
Zur Lösung des Problems müssen die Stangen zunächst um mindestens zwei Stufen niedriger gelegt werden. Der Hundeführer muss sehr schnell mitlaufen und das Sprungtraining sollte, wie zuvor beschrieben, über einige Wochen intensiv durchgeführt werden.

d) Der Hund wird im Sprung zu flach und reißt die Stange.

Mögliche Ursachen:
Auch bei diesem Hund wurde zu schnell mit der maximalen Höhe gearbeitet. Es wurde auch zu viel Wert auf

die Schnelligkeit gelegt und zu wenig auf Sprungsicherheit gearbeitet.

Eine weitere Ursache für das Stangenreißen ist das ausschließliche Führen über Hörzeichen. Das Kommando für den Richtungswechsel wird meistens zu früh gegeben, das Timing ist nicht optimal. Der Hund dreht in der Luft über der Stange, weil er das Kommando sofort ausführen will. Hierbei lässt er die Beine hängen und reißt.

Mögliche Lösung:
Wie zuvor muss deshalb auch hier die Sprunghöhe verringert und das Sprungtraining neu aufgebaut werden. Auch hier ist es notwendig, dass der Hund über einige Wochen nur über Körpersprache und Handzeichen geführt wird. Wenn ein Hörzeichen zum Richtungswechsel gegeben werden muss, dann rufen Sie den Hund erst an, wenn er die Stange schon übersprungen hat. Besonders bei einem schnellen Hund ist es aber sehr schwer, hier genau das richtige Timing zu finden. Besser und in den meisten Fällen fehlerfrei ist es deshalb, auf Hörzeichen zum Richtungswechsel vorerst ganz zu verzichten und den Hund stattdessen mit Körpersprache und Handzeichen zu führen.

e) Der Hund wirft immer die Starthürde ab.

Mögliche Lösung:
Den Hund weit genug vor der Starthürde absetzen. Den ungefähren Abstand können Sie im Training herausfinden und ausprobieren. Er kann für die kommenden Starts mit Schritten fixiert werden (siehe Startritual).

f) Der Hund unterläuft die Starthürde oder die Stange einer weiteren Hürde.

Mögliche Lösung:
Die Stangen wieder zwei Stufen niedriger legen. Der Hundeführer muss von Beginn an mitlaufen. Dies ist besonders wichtig bei einem engen und drehenden Parcoursverlauf (Box, Kreisel o.ä.). Hier muss der Hundeführer kleine Schritte machen, um immer in Bewegung zu bleiben. Dies sollte so lange geübt werden, bis der Hund verstanden hat und die Übung korrekt ausführt.

g) Abwurf einer Stange, wenn die Hürde schräg gesprungen wird.

Mögliche Lösung:
Die schräge Sprungtechnik üben (siehe »Abrufen«). Außerdem kann man das schräge Springen mit dem Trainieren der Welle (siehe »Sequenzen«) üben.

h) Der Hund ignoriert die Hürde und läuft daran vorbei.

Mögliche Lösung:
Hier muss der Hundeführer auf die genaue Körpersprache, den exakten Einsatz der Hände und den Arbeitsab-

stand achten. Schon ein Drehen seines Kopfes zum Hund kann diesen veranlassen, die Hürde nicht zu springen. Eventuell muss zu Beginn mit der Sperrhand gearbeitet werden. Die Stangen müssen auch hier niedriger gelegt werden.

REIFEN

a) Der Hund springt zwischen Rahmen und Reifen.

<u>Mögliche Ursache:</u>
Mit dem Hund wurde zu früh ohne Leine gearbeitet, obwohl er den Sprung durch den Reifen noch nicht richtig beherrschte. Bei Standardhunden wurde der Reifen auf die Minihöhe aufgehangen, der Hund musste die Standardhöhe neu lernen. Des Weiteren sind womöglich die Körpersprache, die Hand- und Hörzeichen schlecht ausgeführt worden.

<u>Mögliche Lösung:</u>
Der Hund muss den Reifen wieder mit der Leine lernen, von Null beginnend. Beginnen Sie diese Übung erst dann, wenn der Hund die maximale Sprunghöhe über die Hürden sicher beherrscht.

Setzen Sie den Hund vor dem Reifen ab, ziehen Sie die Leine durch den Reifen und rufen Sie ihn von der anderen Seite aus ab. Lassen Sie die Leine im Laufe der Übung immer länger und entfernen sie erst dann, wenn der Hund absolut sicher ist und keine Anzeichen dafür vorhanden sind, dass er wieder zwischen Rahmen und Reifen zu springen versucht.

Der Neuaufbau sollte langsam gestaltet werden, damit der Hund absolute Sicherheit gewinnt. Er muss rechts sowie links geführt werden, er sollte abgerufen und vorausgeschickt werden. Der Hundführer muss auch flott mitlaufen können, um ihn sicher durch den Reifen zu führen. Der Reifen kann in das Sequenztraining aufgenommen werden, wenn der Hund ihn sicher springt. In der Anfangsphase dieses Trainings können die Räume zwischen Rahmen und Reifen mit Bohlen oder ähnlichem zugestellt werden, damit der Hund lernt, durch den Reifen zu springen. Es sollten hierbei von vornherein keine Fehler produziert werden, die dann später schwer zu korrigieren sind.

DER WEITSPRUNG

a) Der Hund wirft Elemente um.

<u>Mögliche Ursache:</u>
Bei der Erstausbildung wurde der Weitsprung zu schnell auf die volle Länge gestellt.

<u>Mögliche Lösung:</u>
Üben Sie zu Beginn den Weitsprung nur mit ein oder zwei Elementen, die dicht aneinander stehen. Bauen Sie im Laufe des Trainings erst langsam zur vollen Sprunglänge auf und gehen Sie nicht zu schnell vor.

Wenn der Hund die ersten beiden Elemente sicher springt, aber die nächsten umwirft, muss in die Mitte des Weitsprungs eine Hürde aufgestellt werden (Element-Hürde-Element). Die Stange sollte 10-15 cm höher liegen als das höchste Weitsprungelement.

Der Hund wird nach einigen Übungseinheiten merken, dass er etwas höher springen muss, um kein Element zu reißen.

Er muss mit Tempo an den Weitsprung herangeführt werden, damit er mit genug Schwung hinüberfliegen kann. Der Hundeführer muss auch hier schnell unterwegs sein!

b) Der Hund »geht« über den Weitsprung oder tritt darauf bzw. hinein.

Mögliche Ursache:
Auch hier wurden Ausbildungsfehler am Beginn gemacht.

Mögliche Lösung:
Die Elemente wie zuvor beschrieben aufstellen und bei »Null« beginnen.

»AUSSEN«

Hin und wieder ist es erforderlich, dass man seinen Hund um das Hindernis herumschicken muss, damit er zum Beispiel die Hürde von hinten anspringt. Hierfür benutze ich das Kommando »Außen«.

PARCOURS NR. 48
Außen

Stellen Sie die Hindernisse laut Zeichnung auf und laufen Sie von Beginn an mit. Führen Sie den Hund links und zeigen ihm mit der linken Führhand den Parcoursverlauf. Zwischen der 2. und der 3. Hürde bleiben Sie stehen (gelber Punkt), drehen sich um Ihre Achse zur 3. Hürde, lassen die linke

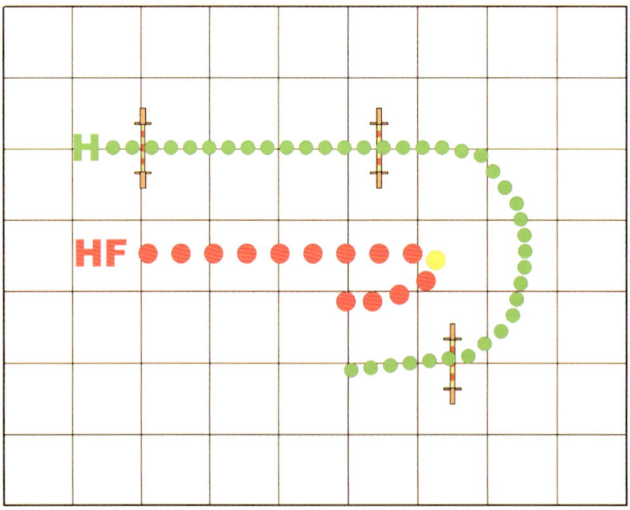

Parcours Nr. 48

Außen

Führhand immer noch gestreckt und geben gleichzeitig das Hörzeichen »Außen«. Der Hund wird nach einigen Versuchen Ihrer ausgestreckten Führhand sicher folgen und, wie auf dem Bild zu sehen, über die dritte Hürde springen.

Zu Beginn dieser Trainingseinheit müssen Sie dem Hund sicherlich Hilfestellung leisten, indem Sie ihn bis hinter die dritte Hürde führen. Er muss erst verstehen, was Sie von ihm verlangen.

Die gleiche Übung müssen Sie natürlich auch wieder mit dem rechts geführten Hund durchführen.

PARCOURS NR. 49

Außen mit dazwischen liegenden Hindernissen

Nachdem der Hund die vorhergehende Übung beherrscht, müssen Sie ihm klarmachen, dass es eventuell nicht gleich über das nächste Hindernis zurückgeht, sondern dass vielleicht noch ein oder mehrere Hindernisse dazwischen liegen.

Die Sequenz mit der Mauer ist hierfür gut geeignet. Laufen Sie von Beginn an mit und schicken den Hund mit der linken Führhand über die zweite Hürde. Sie selbst laufen auf die linke Ecke der Mauer zu und zeigen dem Hund die Druck- oder Sperrhand, um ihm anzuzeigen, dass er die Mauer nicht springen soll. Welche Hand hierbei am effektivsten ist, müssen Sie ausprobieren. Gleichzeitig wenden Sie

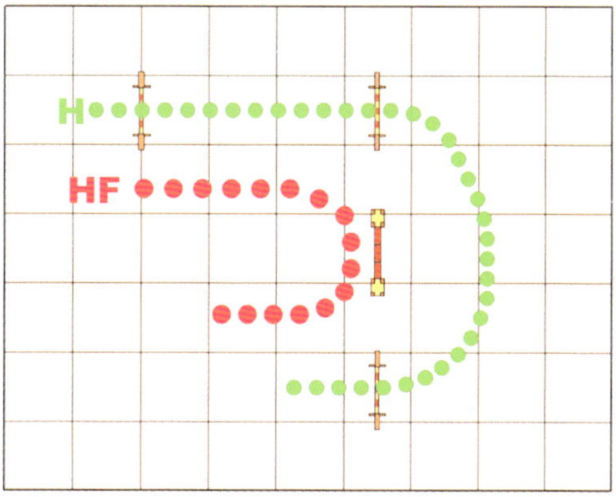

Parcours Nr. 49

ihm die Brust zu. Während Sie an der Mauer vorbeilaufen, sagen Sie wieder »Außen«. Bei diesen Übungen muss der Trainer genau die Bewegungen und die Laufwege des Teams beobachten und eventuell korrigieren. Selbstverständlich wird auch hierbei der Hund rechts und links geführt. Wenn Ihr Hund diesen Hörlaut sicher verstanden hat, ist das außerdem eine gute Voraussetzung für die Übung des »belgischen Wechsels«, der an anderer Stelle ausführlich erklärt wird.

Außen mit dazwischen liegenden Hindernissen

Kapitel 5

Training an Hindernissen

FLEX- UND STOFFTUNNEL

Auch am Tunnel verschenken viele Hundeführer unnötig Zeit, weil sie Fehler in der Ausbildung gemacht haben und ihren Hund nicht optimal führen. Deshalb auch zum Thema »Tunnel« hier noch ein paar Tipps.

Schicken Sie den Hund links bzw. rechts geführt mit dem gewählten Hörzeichen (z.B. »DURCH«) in den gerade ausgelegten Flextunnel und laufen Sie parallel mit. Werfen Sie das Spielzeug gerade nach vorn heraus und spielen Sie anschließend mit Ihrem Hund.

Wenn der Hund durch den Tunnel gelaufen ist, laufen Sie rechts beziehungsweise links weiter und zeigen mit der entsprechenden Führhand die kommende Richtung an. Es ist sehr wichtig, den Hund schon im Tunnel mit seinem Namen und/oder mit dem Kommando für »Links« bzw. »Rechts« anzurufen, damit er sich im Tunnel schon orientieren kann, in welcher Richtung es weitergeht. Dies sollte frühzeitig erfolgen, etwa in Höhe des gelben Punktes, und nicht erst, wenn der Hund aus dem Tunnel kommt.

PARCOURS NR. 50

Flextunnel mit Hürde

Außerdem müssen Sie am Tunnel immer auf der Seite laufen, zu der es im Parcours weitergeht. Wichtig ist, dass Sie sich dort positionieren, bevor der Hund im Tunnel verschwindet. Er sieht Sie dann noch vor dem Eingang und wird am Tunnelausgang gleich zu der Seite laufen, wo er Sie zuletzt gesehen hat. Sie müssen deshalb im Parcours Nr. 51 die Führseite des Hundes von der rechten auf die linke Hand (gelber Punkt) wechseln. Außerdem dürfen Sie nicht vergessen, ihn mit »Rechts« anzurufen, solange er noch im Tunnel ist, (blauer Punkt), um ihn anschließend über die Hürde Nr. 8 zu ziehen.

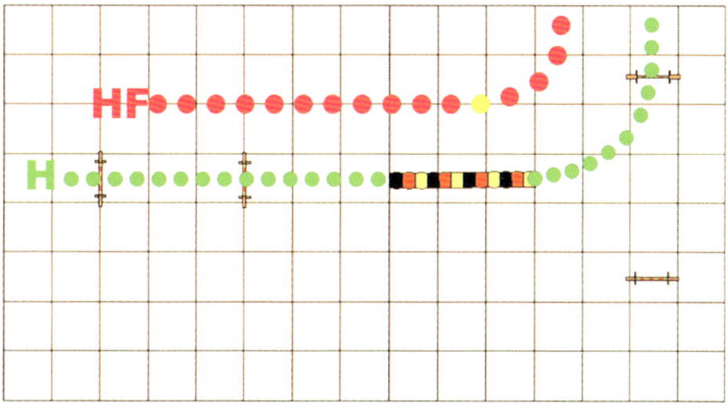

Parcours Nr. 50

PARCOURS NR. 51
Flextunnel mit Wechsel

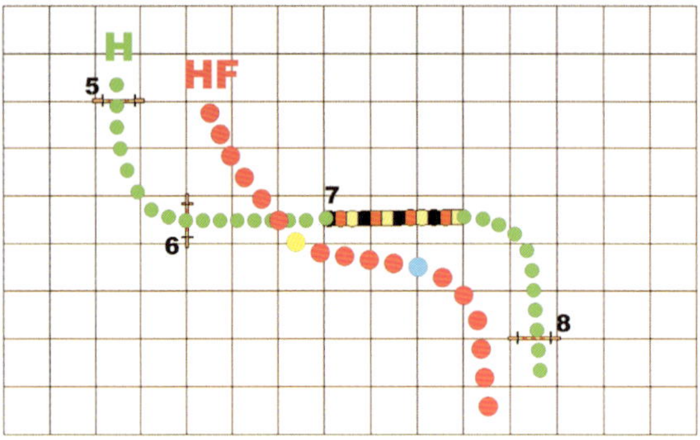

Parcours Nr. 51

PARCOURS NR. 52
Flextunnel mit Drücken

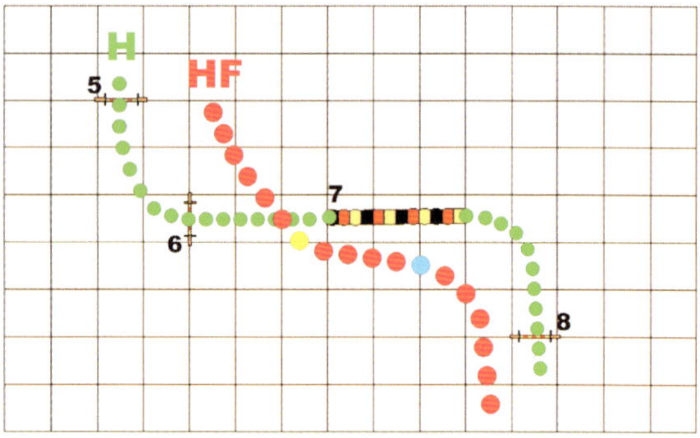

Parcours Nr. 52

Probieren Sie die Situation aus, indem Sie auf der »falschen« Seite laufen beziehungsweise den Hund in den Tunnel schicken und auf der anderen Seite weiterlaufen. Der Hund wird nach dem Tunnel einen Augenblick lang die Orientierung verlieren, weil er nicht weiß, wo Sie sind, eventuell wird er drehen und nicht direkt dem Parcoursverlauf folgen. Außerdem müssen Sie Ihren Hund am gelben Punkt nach rechts wegdrücken. Hier riskieren Sie möglicherweise eine Hundberührung und fünf Fehlerpunkte. Das lässt sich ganz einfach vermeiden, indem Sie auf der richtigen Seite laufen. Natürlich könnte man versuchen, am gelben Punkt zu wechseln, aber bei einem schnellen Hund wird dies kaum gelingen.

Oft ist zu beobachten, dass Hundeführer am Tunnel stehen bleiben und sich freuen, dass ihr Liebling im Tunnel verschwunden ist. Sie wundern sich dann, dass sie zum nächsten Hindernis zu spät kommen, nicht richtig ste-

Flextunnel mit Drücken

hen und der Hund durch »Drehen« Zeitverluste verursacht.

Versuchen Sie deshalb, Ihren Hund voraus in den Tunnel zu schicken, damit Sie nicht unbedingt bis zum Tunneleingang mitlaufen müssen. Sobald der Hund im Tunnel ist, müssen Sie umgehend reagieren.

Zu Beginn der Übung dürfen Sie erst eine neue Laufrichtung einschlagen, wenn der Hund vollkommen im Tunnel verschwunden ist. So vermeiden Sie, dass er Ihren Richtungswechsel sieht und wieder aus dem Tunnelloch herauskommt, um hinter Ihnen her zu laufen. Ein wenig Geduld ist hier angesagt.

Nach einigen Trainingseinheiten weiß der Hund, wo es »lang« geht. Er läuft mit hoher Geschwindigkeit in den Tunnel, so dass Sie früher eine neue Laufrichtung einschlagen können. Sie müssen sich schnellstens für den weiteren Parcoursverlauf richtig positionieren, den Hund am Tunnelausgang in Empfang nehmen und durch Ihre Körperposition anzeigen, wie und wo es weitergeht. Wenn dies oft genug geübt wird, weiß der Hund sofort, wie er sich verhalten muss und wird ohne zu zögern mit voller Geschwindigkeit auf das nächste angezeigte Hindernis zulaufen.

Wenn der gerade Tunnel ohne Probleme gemeistert wird, sollte er im Bogen ausgelegt werden, damit der Hund auch diese Variante kennen lernt und sich daran gewöhnen kann. Rufen Sie den Hund dabei im Tunnel zusätzlich an, um ihm anzuzeigen, wo Sie sind. Üben Sie auch hier wieder das Führen von rechts und von links, der Tunnel muss dann selbstverständlich jeweils umgelegt werden.

PARCOURS NR. 53
Flextunnel gebogen

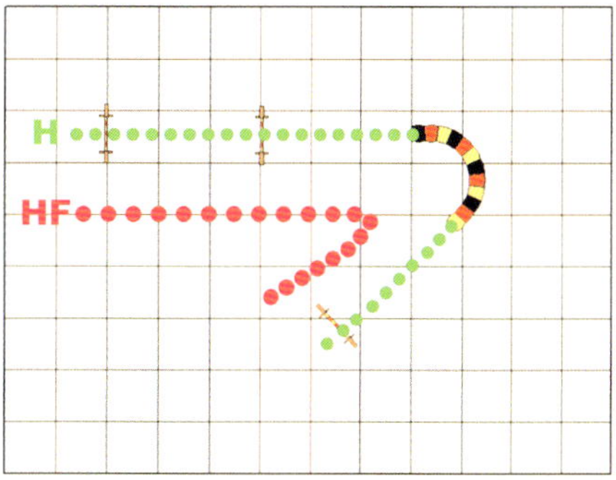

Parcours Nr. 53

PARCOURS NR. 54
Flextunnel in einer Sequenz

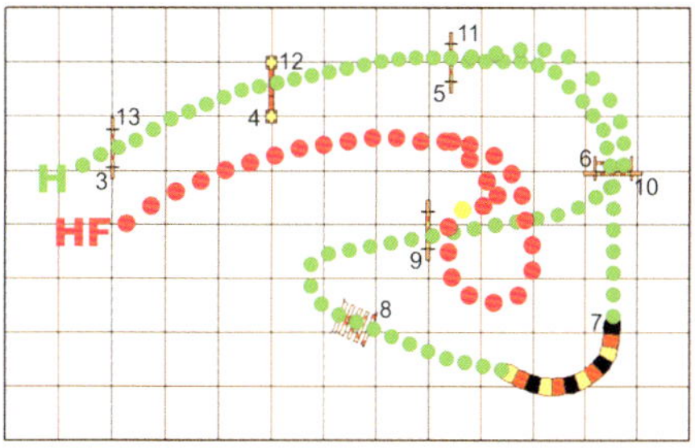

Parcours Nr. 54

PARCOURS Nr. 55
Stofftunnel

Erst wenn der Flextunnel einwandfrei und schnell durchlaufen wird, beginnen Sie mit dem Stofftunnel.

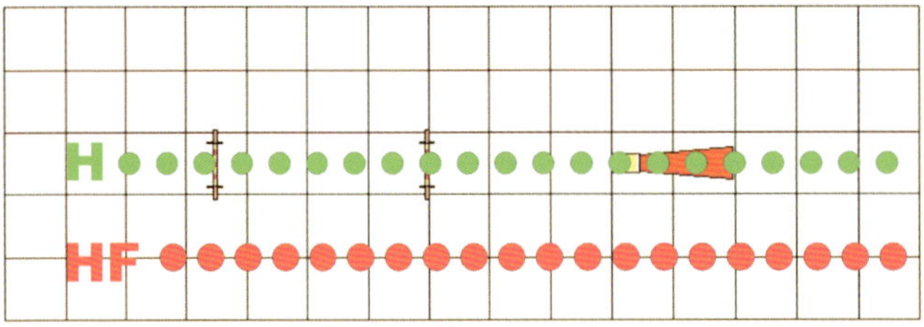

Parcours Nr. 55

Am Anfang laufen Sie immer parallel zum Stofftunnel bis über das Ende des Stoffes hinaus, damit der Hund lernt, gerade durch den Tunnel zu laufen, um sich nicht zu verheddern.

Rufen Sie den Hund mit dem Hörzeichen »Durch« durch den Stofftunnel ab. Dabei müssen Sie etwa drei bis vier Meter hinter dem Tunnelausgang stehen, um dem Hund klar anzuzeigen, dass er gerade weiterlaufen soll. Anschließend wird gespielt und belohnt.

Dann schicken Sie den Hund mit »Durch« in den Tunnel voraus, werfen Sie sein Spielzeug, spielen Sie mit ihm und belohnen ihn. Auch bei dieser Übung müssen Sie darauf achten, dass der Hund gerade durch den Sacktunnel läuft, damit er sich nicht verheddert.

Erst, wenn er dies einwandfrei beherrscht, können Sie rechts oder links abbiegen. Wenn der Hund sich dennoch verheddern sollte, ist schnelle Hilfe notwendig. Der Hund sollte den Stofftunnel nicht mit Angst verknüpfen! Ist es doch einmal passiert, wie-

Stofftunnel Abrufen

Stofftunnel

derholen Sie die Übung sofort, danach können Sie mit dem Hund aus dem Tunnel rechts bzw. links weiterlaufen. Genau wie beim Flextunnel sollten Sie ihn auch hier schon im Tunnel anrufen, damit er schon über den weiteren Verlauf informiert wird (siehe gelber Punkt). Dies sollte aber auch nicht zu früh geschehen, damit er nicht im Stoffteil stecken bleibt.

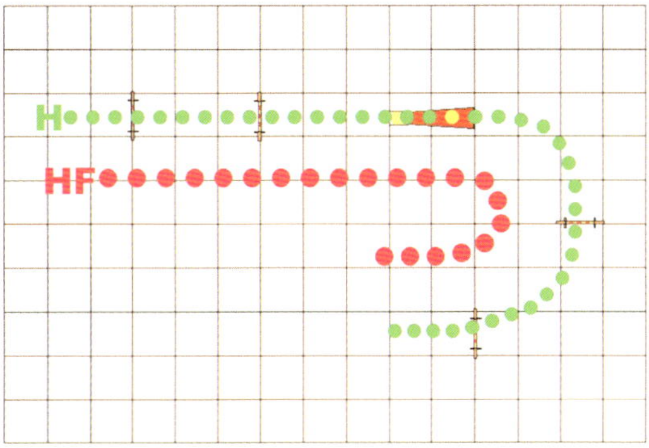

Parcours Nr. 56

PARCOURS NR. 56
Stofftunnel mit Hürden

Stofftunnel mit Mauer

Probleme und Lösungen

a) Der Hund läuft langsam durch den Tunnel.

Mögliche Ursache:
Meist sind in der ersten Ausbildungsphase Fehler gemacht worden und der Hundeführer muss mit der Ausbildung am Tunnel von vorn beginnen.

Mögliche Lösung:
Den Tunnel wieder zusammenschieben, den Hund hindurchschicken, am Ende in Empfang nehmen, ganz toll loben und spielen. Den Tunnel dann nach und nach auseinander ziehen und so den Hund an den langen Tunnel gewöhnen. Außerdem muss der Hundeführer oder Trainer darauf achten, dass sich kein Wasser oder andere Gegenstände im Tunnel befinden!

Der Stofftunnel muss immer gerade liegen, damit sich der Hund darin nicht verheddert. Außerdem ist darauf zu achten, dass der Stoff nicht steif gefroren oder pitschnass ist. Ein kleiner Yorkie oder Westie hätte damit viele Probleme. Damit der Hund schnell durch den Tunnel läuft, ist die entsprechende Motivation wichtig. Spiel und Spaß, Lob und Futter sind hierbei immer einzusetzen und wirken manchmal wahre Wunder.

b) Der Hund bleibt im Tunnel stehen.

Mögliche Ursache :
Auch hier gilt das zuvor Gesagte. Vielleicht hat der Hund auch zu viel Druck bei der Ausbildung bekommen und sieht den Tunnel jetzt als seine Höhle an, in der ihm niemand etwas antun kann.

Mögliche Lösung:
Mit der Ausbildung wie zuvor beschrieben langsam bei Null beginnen.

c) Der Hund ist »tunnelverrückt«.

Mögliche Ursache:
Wenn schon im Welpenalter mit der Ausbildung am Tunnel begonnen wurde und dies das erste Gerät war, welches der Welpe kennen gelernt hat, liebt er den Tunnel und möchte ihn immer wieder durchlaufen. Dies muss unbedingt verhindert werden, denn sonst ist die Disqualifikation vorprogrammiert.

Es ist sicherlich schön anzusehen, wenn ein Hund freiwillig und selbstständig durch den Tunnel flitzt, aber wenn es auf dem Turnier gar nicht gewünscht ist, ist das nicht mehr so lustig.

Mögliche Lösung:
Nehmen Sie zur Problembehebung den Hund an die kurze Leine und üben Sie zwischen den Geräten Unterordnung. Machen Sie dem Hund dabei deutlich, dass er nur auf Ihr Hörzeichen »Durch« in den Tunnel laufen darf. Bei einer konsequenten Ausbildung ist dieses Problem sicherlich in Kürze behoben.

KONTAKTZONEN-HINDERNISSE

Voraussetzung: »Bleib!«

Für die Arbeit an den Kontaktzonengeräten ist Voraussetzung, dass Ihr Hund das »Bleib«-Kommando einwandfrei beherrscht. Das können Sie auf jedem Spaziergang üben! Führen Sie den Hund an der kurzen Leine und bleiben Sie stehen. Geben Sie das Hörzeichen »Bleib« oder »Bleiben« und gleichzeitig ein Leckerli. Bleiben Sie zu Beginn des Trainings an einer Stelle stehen, um die Übung noch zu verstärken. Der Hund sollte sich entweder setzen oder besser stehen bleiben.

Sobald er das Hörzeichen sicher ausführt, müssen Sie nicht mehr stehen bleiben, sondern gehen ein bis zwei Schritte weiter voraus, bleiben kurz stehen und gehen dann wieder zu ihm hin, um ihn zu loben.

Bei erfolgreicher Ausführung der Übung gehen Sie weitere 6 - 10 Schritte voraus und wiederholen das vorher Beschriebene. Man kann das auch sehr gut mit der Flexleine üben.

Wichtig ist, dass der Hund immer sofort auf der Stelle sitzen oder stehen bleibt und Sie einige Schritte vorausgehen. Erst wenn Sie ihn mit seinem Namen anrufen, darf er weiterlaufen. Das Bleib-Kommando ist sehr wichtig und sollte konsequent durchgesetzt werden.

Wenn der Hund die Übungen mit der Leine einwandfrei beherrscht, wird ohne Leine, also in der Freifolge, weiter trainiert. Erst wenn Ihr Hund auch das sicher ausführt, können Sie mit dem eigentlichen Gerätetraining beginnen

Übrigens trainiere ich das »Bleib«-Kommando mit meinem »Balu« auch heute noch auf jedem Spaziergang, denn es kann zum Beispiel beim Überqueren einer vielbefahrenen Straße lebensrettend sein, wenn der Hund auf Zuruf sofort reagiert und stehen bleibt. Das Gleiche gilt auch für die Kontaktzonen. Nur ist es hierbei nicht ganz so dramatisch!

Sämtliche Kontaktzonen-Hindernisse müssen mit viel Einfühlungsvermögen und individuell auf das Team abgestimmt trainiert werden. An den Kontaktzonen muss der Hund positive Erfahrungen sammeln, zum Beispiel mit Hilfe von Leckerli oder Streicheleinheiten. Durch diese positiven Verstärkungen sollte der Hund die Geräte und die Kontaktzonen geradezu lieben lernen und sie erstrebenswert finden. Er muss dahin wollen!

Wird der Hund hier über Gehorsam konditioniert, muss der Druck unbedingt aufgelöst werden, damit die Kontaktzone nicht zu einem unangenehmen Teil des Hindernisses wird. Der Hund versucht sonst, diesem Druck auszuweichen und frühzeitig vom Gerät abzuspringen.

Die Positionierung des eigenen Körpers muss auch an den Kontaktzonengeräten so gewählt werden, dass der weitere Verlauf des Parcours deutlich für den Hund angezeigt wird.

Die Kontaktzonen sollten vom Hundeführer niemals in gebückter Haltung gearbeitet werden! Durch diese Haltung wird Druck auf den Hund ausgeübt – er wird versuchen, diesem Druck auszuweichen und vor der Zone abzuspringen.

Stoppen Sie bei den Aufgängen nicht ab, sondern laufen Sie gleichmäßig durch. Beobachten Sie die Zonenarbeit des Hundes genau und reagieren Sie entsprechend. Eventuell müssen Sie vor dem Aufgang eine Stange auf den Boden legen oder ihn kurz anrufen, damit er aus seinem Laufrhythmus kommt.

Bleiben Sie zu Beginn des Trainings bei den Abgängen stehen, um Ihren Hund genau zu kontrollieren. Später laufen Sie gleichmäßig durch, beobachten aber immer seine Kontaktzonenarbeit.

Im Einzelnen sieht dies wie folgt aus:

A-Wand und Steg

Das Training für die beiden Geräte Wand und Steg ist gleich. Sie müssen Ihren Hund am Scheitelpunkt der Wand bzw. beim Steg am Beginn des Abgangs abbremsen, um ihn unter Kontrolle zu bringen und ihm mit Hörzeichen angeben, was er machen soll. Diese Kommandos müssen mit aller Konsequenz trainiert werden, damit Sie jederzeit die Kontrolle über Ihren Hund haben. Er muss ohne »Wenn und Aber« das ausführen, was Sie ihm vorgeben. Wenn dies nicht geschieht, wird er über kurz oder lang die Kontaktzonen ignorieren und abspringen.

Wand

Die Wand ist das erste Kontaktzonen-Hindernis, das der Hund erlernen sollte. Es ist breit genug, damit er es ohne Angst auch in hoher Geschwindigkeit bewältigen kann. Die Höhe des Gerätes wird vom Hund gar nicht so sehr wahrgenommen. Er muss nicht, wie beim Steg oder der Wippe, seinen Körper stark ausbalancieren und fühlt sich deshalb sicher.

Zum Erlernen der Wand sollte diese auf eine Scheitelhöhe von höchstens 1,50 m gestellt werden, damit Sie den Hund mit der Leine sicher hinüberführen können. Er kann durch die flach gestellte Wand bis in die Kontaktzone laufen, ohne dass sein Gewicht wie bei einer steil stehenden Wand ihn daran hindert, vorher abzubremsen.

Die Kontaktzonenarbeit an der Wand mit der vorgeschriebenen Höhe für die jeweilige Größenklasse (Mini, Midi, Large) sollte erst erfolgen, wenn der Hund absolut sicher ist. Dann stellen Sie die Wand jedes Mal ein wenig höher, bis die Maximalhöhe erreicht ist.

Bremspunkt

Aber wie bringt man den Hund dazu, genau vor oder besser in der Kontaktzone abzubremsen und stehen zu bleiben? Wie lernt er, beide Vorderpfoten auf den Boden zu stellen und das

Hinterteil noch auf der Wand zu haben?

Sie vermuten es schon – mit einer ganz besonderen Belohnung, sprich mit einem ganz tollen Leckerli. Ein kleines Stück Käse, das man zum Beispiel auf die oberste Klimmlatte der Kontaktzone legen kann, wirkt hier ganz vortrefflich als Bremsklotz.

Bei den weiteren Trainingseinheiten wird das Leckerli immer weiter nach unten auf die Klimmlatten gelegt, bis es etwa 10 Zentimeter von der Wand entfernt auf dem Boden liegt.

Dieses Leckerli sollte auch bei den weiteren Übungen immer an der gleichen Stelle liegen, damit der Hund nicht anfängt, auf der Wand danach zu suchen. Er muss immer wissen, wo er es finden kann. Das Leckerli sollte klein sein, damit er seine Nase tief nehmen muss, um es zu finden und nicht schon vom Scheitel aus sieht, wo es liegt. Außerdem soll der Hund ja nicht seine gesamte Tagesration auf der Wand bekommen!

Ein Hund, der die Nase am Boden hat, springt nicht ab. Er könnte sonst, im wahrsten Sinn des Wortes, auf die Nase fallen!

Ziel des Trainings ist, dass der Hund an den Kontaktzonen die Nase tief trägt: So kann er nicht auf- oder abspringen.

Nehmen Sie Ihren Hund an die kurze Leine, legen das Käse- oder Leckerlibröckchen in seinem Beisein

Leckerli zeigen

auf die oberste Klimmlatte in der Kontaktzone und machen ihn auf die Belohnung richtig »heiß«. Aber Vorsicht: Manche Hunde sind schneller, als man denkt und »saugen« in Nullkommanichts das eben hingelegte Leckerli in sich hinein!

Erfolg dieser Übung ist, dass der Hund anschließend so schnell wie möglich wieder zu der Leckerli-versprechenden Stelle möchte. Dies ist auch so gewollt, denn er soll schnell über die Wand bzw. den Steg von einer Kontaktzone (Aufgang) zur anderen Zone (Abgang) laufen. Sie führen ihn mit der Leine zum Aufgang der Wand und anschließend darüber. Hierbei bekommt er am Aufgang das Hörzeichen: »HOCH«.

Achten Sie darauf, dass Sie sich bei den einzelnen kommenden Ausbildungsstufen immer vor Ihrem Hund oder mindestens auf gleicher Höhe befinden.

»Such« und »Bleib«

Am Abgang bekommt der Hund drei Kommandos:

1. Am Scheitel rufen Sie ihn mit seinem Namen an, um ihn darauf aufmerksam zu machen, dass er sich jetzt auf Ihre Hörzeichen konzentrieren soll. Wenn er später ohne Leine über die Wand oder den Steg läuft, wird er mit hoher Geschwindigkeit zum Leckerli wollen. Dabei müssen Sie ihn abbremsen, damit er nicht über die Kontaktzone hinausläuft oder abspringt. Sie befinden sich vor ihm und stehen ungefähr auf der Hälfte des Wandabgangs. Sie stehen im rechten Winkel zur Wand. Strecken Sie ihm Ihre flache Führhand in der Höhe seiner Augen entgegen und bremsen ihn dadurch.

Bremspunkt

Beides, anrufen und die Hand ausstrecken, muss gleichzeitig erfolgen.

Der Hund sollte nicht unter Ihrer Hand durchlaufen und Ihre Körpersprache nicht ignorieren! Bei dieser Aktion dürfen Sie selbst keine Vorwärtsbewegung in Richtung Kontaktzone machen, dies wäre sonst das Zeichen für den Hund, so schnell wie möglich weiterzulaufen bzw. abzuspringen. Sie müssen ihn hier am Scheitel unbedingt unter Kontrolle bekommen, damit er sich jetzt auf Sie konzentriert und Ihre nächsten Befehle ohne Fehler ausführen kann. Dabei gilt: Je steiler die Wand steht, desto intensiver muss die Kontrolle sein.

2. Jetzt zeigen Sie intensiv mit Ihrer Führhand und mit dem Hörzeichen »SUCH« oder »NIMMS«, auf das Leckerli. Er wird so schnell wie möglich dort hinlaufen. Dieses Zeigen muss ohne Hast erfolgen. Wenn Sie hierbei nur den geringsten Druck aufbauen, wird Ihr Hund versuchen, diesem auszuweichen und abzuspringen. Bleiben Sie am Ende der Zone stehen und beobachten Ihren Hund genau.

3. Sobald Ihr Hund den Kopf tief nimmt, um das Leckerli aufzunehmen, bekommt er den Befehl »BLEIB«. Da er die Nase auf dem Boden hat, wird er nicht abspringen. Er hat, wie vorher schon beschrieben, gelernt zu bleiben und wird dies jetzt brav ausführen. Hierbei kann man ihn zu Beginn noch mit einer Streicheleinheit bestätigen. Später werden Sie ihn nicht mehr streicheln können, da Sie beide ja ohne zu zögern und in einem »Guss« durchlaufen wollen.

Such

4. Gehen Sie jetzt ohne Druck und Hast weiter und rufen Ihren Hund nach etwa zwei bis drei Schritten mit seinem Namen ab. So konzentriert er sich auf Sie und Sie können ihm den weiteren Verlauf des Parcours anzeigen. Sie sollten die Zeitintervalle für das Stehenbleiben auf der Kontaktzone immer wieder variieren, damit Ihr

Bleib

Hund kein Zeitgefühl dafür entwickeln kann. Mal bleibt er eine Sekunde, dann auch einmal fünf oder sieben.

Wenn er dies alles ohne Fehler ausgeführt hat, spielen Sie zur Belohnung ausgiebig mit ihm!

Ohne Leine

Wenn Sie diese Abfolge mit dem Leckerli immer an der gleichen Stelle intensiv trainieren, wird Ihr Hund sehr schnell verstehen, was Sie von ihm wollen. Jetzt ist der Zeitpunkt gekommen, dass Sie die Wand ohne Leine üben. Nun wird Ihr Hund natürlich versuchen, so schnell wie möglich zum Leckerli zu kommen. Sie müssen also Ihre Sicht- und Hörzeichen (Abbremsen) noch intensiver einsetzen, damit er auch ohne Leine die Kontaktzone perfekt ausführt.

Hierbei legen Sie das Leckerli wiederum auf die oberste Klimmlatte im Zonenbereich. Da der Hund auch ohne Leine durch das vorangegangene Training sicher in diesem Bereich anhält, um die Belohnung aufzunehmen, können Sie das Leckerli von Trainingseinheit zu Trainingseinheit eine Klimmlatte tiefer legen. Im Endstadium legen Sie es auf einen kleinen Deckel von etwa zwei Zentimetern Durchmesser, der sich etwa 10 bis 20 Zentimeter vor der Wand auf dem Boden befindet. Er dient nur als Sichthilfe für Sie selbst, damit Sie wissen, wo sich das Leckerli befindet – im Gras ist es nämlich sonst schlecht zu sehen!

Wand mit Deckel für Leckerli

Innerhalb kürzester Zeit hat Ihr Hund so begriffen, dass er bis unten hin laufen und dort anhalten soll.

Viel wichtiger ist es hierbei aber, dass Sie die Hörzeichen richtig koordinieren. Am Anfang ist es schwierig, diese genau zur richtigen Zeit zu geben. Ein wenig Übung und eine Videokamera helfen sehr gut, das richtige

Gesamte Wand

Timing zu finden. In der Folge können Sie dazu übergehen, Ihren Hund auf den weiteren Verlauf, sprich auf das nächste Hindernis vorzubereiten. Dieses steht in der Regel fünf bis sieben Meter von der Wand entfernt. Sie legen also Ihren kleinen Deckel mit dem Leckerli diese fünf bis sieben Meter von der Wand entfernt in gerader Linie von der Wand ins Gras. Später müssen Sie ihn auch einmal rechts oder links von der Wand platzieren, denn die Hindernisse stehen im Parcours auch nicht immer in gerader Verlängerung. Zu Beginn dieser Übung zeigen Sie Ihrem Hund den Deckel, später nicht mehr.

Zeigen Sie bei diesem Training wie gewohnt beim Abgang des Hundes von der Wand mit voller Überzeugung auf die Stelle zehn bis zwanzig Zentimeter von der Wand entfernt, an der sich bis jetzt immer das Leckerli befunden hat. Der Hund soll ja bis unten hin laufen und bekommt kein »BLEIB« Kommando. Weil Sie das Leckerli an dieser Stelle mit viel Überzeugungskraft anzeigen, obwohl gar keins da ist, wird er seine Nase tief nehmen, um danach zu suchen. Genau das wollten Sie mit dem Zeigen und mit dem Hörzeichen erreichen!

Sobald er unten auf dem Boden ist, weisen Sie ihn wiederum mit dem Hörzeichen »SUCH« auf den an anderer Stelle liegenden Deckel mit dem Leckerli hin. Laufen Sie gemeinsam dorthin, damit er das Leckerli findet. Auch hier bekommt er das »BLEIB« Kommando, das durch Abrufen mit seinem Namen aufgelöst wird. Anschließend wird gespielt.

Das gleiche Training müssen Sie auch durchführen, wenn kein Leckerli auf dem Deckel liegt oder wenn der Trainer das Leckerli dort hingelegt hat, ohne dass Ihr Hund dies sieht. Im Parcours auf einem Turnier können Sie auch nichts hinlegen! Sie müssen also Ihren Hund daran gewöhnen, dass eventuell auch einmal nichts zur Belohnung vorhanden ist.

Behalten Sie bei allen Übungen Ihren Hund immer gut im Auge, um kurzfristig reagieren zu können!

Sie sehen, dass eine perfekte Ausführung der Kontaktzone nur mit aufwändigem Training möglich ist. Es lohnt sich aber, so viel Zeit und Energie für die Kontaktzonenarbeit zu investieren, weil Sie später auf einem Turnier mit einem sicheren Gefühl starten können. Und Ihr Vertrauen überträgt sich auf den Hund!

Problem: Der Hund arbeitet vor Ihnen

Was aber, wenn Ihr Hund so schnell ist, dass er immer vor Ihnen arbeitet? Sie kommen nicht vor ihm an den Scheitel der Wand, um ihn dort abzubremsen und stehen zu weit von der Wand oder dem Steg entfernt!

Auch hier gibt es eine Lösung: Führen aus der Distanz! Wenn Sie nicht mehr rechtzeitig vor Ihrem Hund am Scheitel der Wand oder am Abgang des Steges sind, um ihn dort abzubremsen, müssen Sie unbedingt stehen bleiben, wo Sie sind. Sie können ihn, wenn Sie über den Abgang bei der Wand bzw. beim Steg schauen, genau beobachten und sehen, wenn er in der Zone ist und das Leckerli aufnehmen will.

Rufen Sie ihn wieder am Scheitel mit seinem Namen an, damit er auf Sie aufmerksam wird. Geben Sie wieder das Hörzeichen »SUCH«, und wenn er in der Zone ist, um das Leckerli aufzunehmen, das Kommando »BLEIB«. Es wiederholt sich die Abfolge bis zur Kontaktzone wie vorher ausgeführt. Sie sind jetzt nicht vor ihm, sondern bleiben bewusst hinter ihm. Ihr Hund arbeitet selbstständig vor Ihnen. Sie dürfen aber hierbei absolut keinen Druck aufbauen und müssen stehen bleiben, bis er in der Zone ist. Danach können Sie weiter nach vorn gehen, zuerst langsam, im weiteren Training recht flott. Sie rufen ihn wie zuvor mit seinem Namen an und können ihn dann zum nächsten Hindernis weiterführen.

Jeder muss selbst ausprobieren, auch mit Hilfe des Trainers, welche Methode für ihn und für seinen Hund die optimalste ist, ob vor oder hinter dem Hund.

STEG

Wenn der Steg sich tiefer stellen lässt, können Sie Ihren Hund zu Beginn ohne Schwierigkeiten ebenfalls mit der Leine kontrolliert darüber führen. Die gesamte Ausbildung an der Wand lässt sich auf den Steg übertragen, mit einer Ausnahme: Das Leckerli liegt nicht auf der obersten Klimmlatte, sondern auf der untersten. Wenn der Hund bis dahin läuft, ist er schon mit allen Pfoten in der Zone. Er lernt so, dass er bis unten hin laufen muss. Im Training wird Ihr Hund das schon bald wunderbar ausführen, er läuft bis unten und bleibt auf Kommando in der Kontaktzone stehen. Aber im Turnier kann das ganz anders aussehen! Deshalb ist es wichtig, dass der Hund auch im Turnier beim »BLEIB« Kommando sicher in der »Endstellung« stehen muss, auch eventuell einmal etwas länger als im Training. Das heißt, ich muss meinem Hund klarmachen, dass Turnier = Training = Alltag.

Beim Kontaktzonentraining sind wie immer Videoaufnahmen hilfreich, um die eigene Arbeit genau analysieren zu können, denn vorwärts laufen,

Kontaktzonenarbeit am Steg

Kopf drehen, schauen und Hör- und Sichtzeichen geben, all das sozusagen in einem Arbeitsgang, ist gar nicht so einfach!

PARCOURS NR. 55
Wechsel nach der Wand

Für das Weiterlaufen von der Kontaktzone zum nächsten Hindernis bekommt der Hund die Freigabe durch das Rufen seines Namens. So ist gewährleistet, dass er sich wieder auf Sie konzentriert und Sie ihn auch bei knappen Raumverhältnissen (Verleitungen) sicher mit der entsprechenden Körpersprache zum nächsten Hindernis führen können.

Dadurch haben Sie die Möglichkeit, beispielsweise einen Wechsel nach der Wand oder dem Steg auszuführen, wenn der Verlauf des Parcours dies erfordert. Ihr Hund lernt außerdem, bis zum Ende des Gerätes (Wand, Steg) zu laufen und nicht vorher seitlich abzuspringen.

Die Stellung des Hindernisses gibt demnach die Richtung vor. Das bedeutet für Sie, dass Sie sich frei bewegen und für den weiteren Verlauf des Parcours optimal positionieren können. Das ist bei schnellen Hunden ein Riesenvorteil, denn Sie müssen ihnen nicht hinterherhetzen!

Die Entfernung zum Hund und den Kontaktzonengeräten sollte am Anfang nicht zu groß sein, steigern Sie sie im Training allmählich.

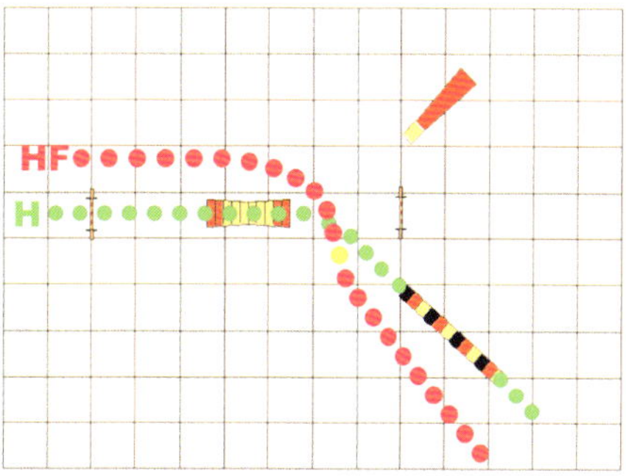

Parcours Nr. 55

Frei bewegen im Parcours

PARCOURS NR. 56
Frei bewegen im Parcours

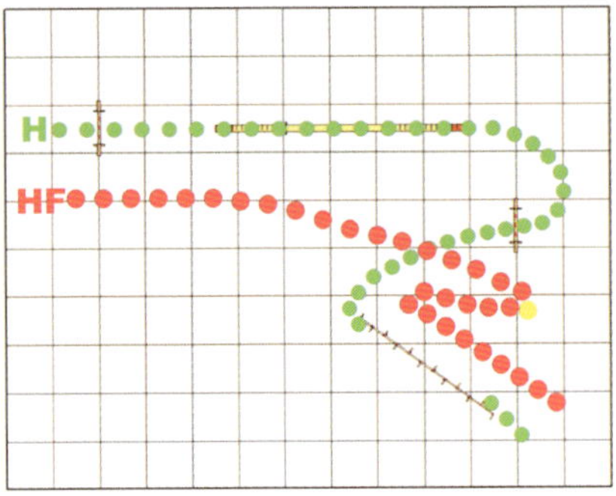

Parcours Nr. 56

Bei allen Übungen müssen Sie immer das Augenmerk auf Ihren Hund richten: Sie sollten immer wissen, was er gerade macht oder noch besser, was er vorhat. Das bedeutet, dass Sie immer schon zwei bis drei Hindernisse voraus denken müssen! Es gibt sicherlich noch verschiedene andere Möglichkeiten, um die Wand und den Steg zu trainieren. Viele davon habe ich selbst ausprobiert, die eben beschriebene scheint mir aber die sicherste, schnellste und erfolgreichste zu sein. Ihr großer Vorteil ist, dass der Hund von Beginn an lernt, dass er schnell über die Wand oder den Steg bis unten hin laufen soll und nicht vorher abspringen darf. Einige Richter vergeben sehr schnell fünf Fehlerpunkte, auch wenn der Hund nur mit einer Pfote in der Zone ist. Durch die teilweise enorme Geschwindigkeit des Hundes ist dies für den Richter in diesem Moment auch schwer zu entscheiden! Da ist man immer auf der sicheren Seite, wenn der Hund bis zum Ende des Gerätes läuft und dem Richter dadurch die Entscheidung abnimmt.

Frei bewegen im Parcours

Die Wippe

Bei der Wippe bekommt der Hund das Hörzeichen »WIPPE«, damit er frühzeitig zwischen Steg und Wippe zu unterscheiden lernt und so genannte »Flyer« vermeidet. Er soll ja nicht wie beim Steg in Höchstgeschwindigkeit nach oben laufen, sondern nur bis zum so genannten Kipp-Punkt.

Sie müssen den Hund also so konditionieren, dass er am Kipp-Punkt stehen bleibt, um dann mit der Planke nach unten zu gleiten. Dieser Kipp-Punkt befindet sich bei den Standard Hunden kurz vor der Kontaktzone, bei den Midis und Minis, durch ihr geringeres Gewicht, sicherlich schon innerhalb. Hier bekommt der Hund ebenfalls das Kommando »BLEIB«. Bleiben Sie stehen, wie an den beiden anderen Kontaktzonengeräten auch, und beobachten ihn genau. Warten Sie, bis die Wippe auf dem Boden aufschlägt und gehen ohne Hast ein paar Schritte weiter. Durch das Anrufen mit seinem Namen wird das »BLEIB« Kommando aufgelöst und Sie können Ihren Hund weiterführen.

Auch hierbei dürfen Sie keinen Druck nach vorn ausüben, sonst springt der Hund frühzeitig ab, bevor die Wippe auf dem Boden ist.

Dies bedarf einiger Übung und ist bei etwas sensiblen Hunden mit Vorsicht und Ausdauer zu trainieren. Wippentraining sollte immer Spaß machen. Gehen Sie deshalb langsam vor und verschrecken Sie den Hund nicht! Mit einem verschreckten Hund die Wippe zu trainieren benötigt viel Geduld, Einfühlungsvermögen und viel, viel Zeit ...

Probleme und Lösungen Kontaktzonenhindernisse

a) Der Hund springt am Aufgang über die Kontaktzone.

Mögliche Ursache:
Der Hundeführer läuft mit seinem Hund um die Wette.

Mögliche Lösung:
Ruhiger an das Gerät laufen und beim Aufgang den Hund kurz anrufen, damit er seinen Schritt wechselt. Eventuell muss der Hundeführer hinter dem Hund bleiben, damit er nicht so viel Druck ausübt. Vielleicht hilft eine Hürdenstange, die quer vor den Zonenaufgang gelegt wird.

b) Der Hund springt vor der Kontaktzone am Abgang ab.

Mögliche Ursache:
Der Hund hat die Hörzeichen »NAME DES HUNDES, SUCH, BLEIB, NAME DES HUNDES« noch nicht richtig verknüpft.

Der Hundeführer verwendet die falsche Körpersprache und den falschen Hörlaut.

Mögliche Lösung:
Der Hundeführer sollte die Hörzeichen nochmals intensiv trainieren. Er sollte sich auf keinen Fall an der Kontakt-

zone zu seinem Hund herunterbücken. Dadurch übt er Druck auf den Hund aus, dieser will dem Druck ausweichen und springt vor der Kontaktzone ab. Der Hundeführer muss aufrecht stehen bleiben und die Kontaktzonenarbeit seines Hundes kontrollieren. Er muss darauf achten, dass der Hund erst nach dem Kommando mit dem Hundenamen weiterläuft. Eine Videoaufzeichnung gibt hier sicherlich wertvolle Aufschlüsse für den Hundeführer und den Trainer, um die Fehler abzustellen.

c) Der Hund arbeitet die Kontaktzonen im Training perfekt, im Turnier springt er ab.

Mögliche Ursache:
Der Hund begreift ganz schnell, dass er im Training korrigiert wird, aber im Wettkampf nicht. Außerdem ist das ganze »Drumherum« auf einem Turnier ganz anders als im Training. Die Nervosität des Hundeführers, die Körpersprache, der viele Lärm, die vielen unbekannten Leute, die Anzahl der Hunde ... das alles deutet nicht auf normales Training hin und die Hunde wissen genau, dass bei diesem Umfeld keine oder kaum eine Korrektur erfolgt und sie deswegen springen und laufen können.

Unsere Hunde sind halt schlau!

Mögliche Lösung:
Der Hundeführer wird möglicherweise einige Turniere »in den Sand setzen müssen«, das heißt er wird das jeweilige Kontaktzonengerät, welches nicht korrekt gearbeitet wurde, im Turnier wiederholen müssen und dem Hund dadurch klarmachen, dass im Training und im Wettbewerb die gleichen Bedingungen herrschen, nämlich korrekt arbeiten und die Kontakte ordentlich ablaufen.

Die Disqualifizierung wird er dabei wohl in Kauf nehmen müssen. Dies sollte er aber vorher mit dem Richter besprechen und ihm mitteilen, dass er seinen Hund, wenn es notwendig sein sollte, eventuell korrigieren wird. Einige Richter sind in diesem Punkt sehr eigen und lassen keine Trainingsläufe zu. Warum eigentlich? Nur unter Turnierbedingungen kann man seinen Hund an den Kontakten korrigieren, wenn er etwas falsch ausgeführt hat. Nur so kann man ihm begreiflich machen, dass es im Turnier nicht anders zugeht als im Training!

SLALOM

Dass man einen schnellen Hund im Parcours niemals langsam machen soll, gilt besonders für den Slalom. Wenn Sie Ihren Hund beispielsweise mit der Leine durch den Slalom führen, wird er sich Ihrem Tempo anpassen, weil Sie nicht so schnell mit der Leine um die Stangen kommen. Das Gleiche gilt für Kommandos wie »Zick« und »Zack« oder ähnliches, mit Knie hineinstellen und den dazugehörigen Schaukelbewegungen wie ein alter Seebär.

Bei diesen Trainingsmethoden sieht der Hund den Slalom nicht als ein Gerät an. Er arbeitet nicht selbstständig, sondern erwartet immer Ihre Unterstützung. Sie sind derjenige, der die Geschwindigkeit vorgibt. Und die ist nicht sehr hoch.

Wenn Sie mit Leckerli arbeiten und sie dem Hund in der Hand anbieten, um ihm den Weg durch den Slalom vorzuzeigen, wird er nur auf Ihre Hand achten und nicht verstehen, was er eigentlich soll. Auch hier bremsen Sie den Hund. Ich bevorzuge deshalb folgende Methode:

Zuerst wird eine Gasse aus je sechs Slalomstangen gebildet. Die Gasse sollte breit genug sein, damit Sie mit dem Hund an der Leine hindurchlaufen können. Bei allen Übungen geben Sie das Kommando SLALOM.

Slalomgasse mit Leine

Slalomgasse

Üben Sie das mehrmals mit dem links bzw. rechts geführten Hund, danach versuchen Sie das Gleiche ohne Leine. Klappt das gut, wird der Hund durch die Gasse abgerufen bzw. vorausgeschickt. Wenn er die breite Gasse gut durchläuft, kann die Gasse enger gestellt werden. Dies sollte aber niemals am gleichen Trainingstag geschehen, sondern erst am folgenden Übungstermin. Die Gasse wird letztendlich so eng gestellt, dass der Hund Körperkontakt mit den Stangen hat und trotzdem noch schnell hindurchläuft.

Falls er seitlich hinausspringt, schimpfen Sie nicht mit ihm, sondern beginnen Sie noch einmal von vorn. Verbreitern Sie die Gasse wieder und absolvieren Sie wieder einige erfolgreiche Durchläufe.

Slalomgasse ganz eng gestellt

Wenn der Hund diese Übung einwandfrei beherrscht, beginnen Sie mit dem V-Slalom.

Achtung! Dieses Training darf erst mit einem mindestens zwölf Monate alten Hund begonnen werden! Erst dann hat sich sein Knochengerüst so weit gefestigt und stabilisiert, dass er sich ohne Schaden zu nehmen durch den Slalom schlängeln kann.

Diesen V-Slalom können Sie entweder fertig erwerben oder sich ihn aus Besenstielen selbst herstellen, die Sie in der Mitte durchsägen, so dass Sie zwei gleich lange Stücke erhalten. An das untere Ende der Besenstiele befestigen Sie einen Nagel oder eine angespitzte Schraube, damit Sie den Stiel in den Boden stecken können.

V-Slalom ziehen

Die Besenstiele werden nun V-förmig mit ein wenig seitlichem Abstand in den Boden gesteckt.

Stellen Sie die Stiele zu Beginn nicht zu steil und führen Sie den Hund das erste Mal an der Leine mit hohem Tempo hindurch, damit er weiß, was Sie von ihm wollen.

Wenn er die Übung verstanden hat, können Sie das gleiche Training wie mit der Gasse beginnen (Abrufen, Schicken), jedoch ohne Leine. Der Hund lernt hier seine eigene Technik zu finden, sich zu schlängeln und bleibt weiterhin schnell. Jetzt laufen Sie mit genügend Abstand zum Hund parallel schnell mit. Versuchen Sie, immer ein wenig vor dem Hund zu laufen, um ihn zu »ziehen« und zu vermeiden, dass er sich Ihrer Geschwindigkeit anpasst. Beginnt der Hund zu springen, stellen Sie die Stangen jeweils steiler, bis die Stiele senkrecht stehen.

V-Slalom normal

Eine zusätzliche Hilfe stellen gebogene Drahtbögen dar. Biegen Sie sich diese Bögen aus festem Draht und befestigen sie von 1 nach 3, von 2 nach 4 usw. in Höhe der Hundeschulter an den Besenstielen. Der Hund lernt, die Bögen im schnellen Durchlauf zu akzeptieren, ohne seitlich hinauszuspringen. Die Bögen leiten ihn. Er verknüpft den Slalom als ein Gerät und ist dadurch in der Lage, diesen auch dann zu nehmen, wenn der Hundeführer nicht unmittelbar neben ihm läuft und ihn unterstützt. Wenn der Hund die Übungen einwandfrei beherrscht, können Sie von der Mitte aus die Drahtbögen entfernen, bis nur noch am Ein- und Ausgang welche vorhanden sind.

Alle Übungen werden mit dem rechts- und links geführten Hund durchgeführt. Das Abrufen und Vorausschicken gehört ebenfalls zu den Trainingseinheiten. Wenn Ihr Hund dies gut beherrscht, beginnen Sie mit ihm die verschiedenen »Eingänge« zu üben. Hierbei stellen die Drahtbögen am Anfang und am Ende eine willkommene Hilfe dar: Der Hund wird immer richtig in und aus dem Slalom geleitet. Das Üben dieser Eingänge sollte zu jeder Slalom-Trainingseinheit gehören!

Wenn Sie den Slalom mit den Hürden laut Plan aufstellen, können Sie alle verschiedenen Eingänge wunderbar trainieren, ohne dass Sie die Hindernisse mehrmals umstellen müssen. Gleichzeitig gewöhnen Sie Ihren Hund daran, dass Sie mal links und mal rechts von ihm laufen. Unterstützen Sie ihn dabei mit dem rechtzeitig und nur einmal gegebenen Hörzeichen »Slalom« und dem entsprechendem Handzeichen.

PARCOURS NR. 59
Slalomeingänge

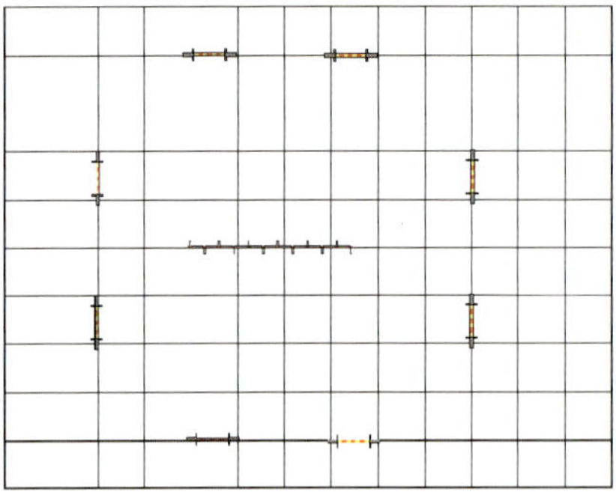

Parcours Nr. 59

Beim Üben der Slalomeingänge werden Sie nicht immer neben Ihrem Hund sein. Das ist auch so gewollt, denn der Hund soll den Slalom selbstständig arbeiten und letztendlich die Eingänge ohne allzu große Hilfe alleine finden.

Je weiter das Training fortschreitet, desto eine geringere Rolle sollte es spielen, welchen Abstand und welche Position Sie zum Hund haben.

Erst wenn Ihr Hund diesen Übungsschritt sicher beherrscht, nehmen Sie die Drahtbügel ab und üben den Slalom unter Wettkampfbedingungen. Warten Sie immer, bis der Hund sich in den Slalom eingefädelt hat, bevor Sie sich selbst nach vorn bewegen. Eine zu schnelle Vorwärtsbewegung des Hundeführers hat schon manchen Hund wieder aus dem Slalom getrieben, weil er hinter seinem Menschen her laufen wollte – oder der vorwärts laufende Hundeführer »drückt« ihn in das zweite oder dritte Tor.

Solange sich Ihr Hund im Slalom bewegt, unterstützen Sie ihn mit einem speziellen Hörzeichen im Dauerton, das von Anfang bis Ende des Slaloms anhält und möglichst anfeuernd klingt. Bei mir ist es ein »Brrrrrrr ...« in hoher Stimmlage, das so ähnlich klingt wie ein rasselnder Wecker, Sie können aber auch etwas ähnliches rufen oder klatschen. So weiß Ihr Hund, dass er auf dem richtigen Weg ist und springt

Position am Slalom

nicht vorher hinaus. Ein Wechsel dieses Hörzeichens sollte vermieden werden, denn Ihr Hund kennt nun schon so viele Hörzeichen, dass er nicht durch ein zusätzliches und einen unnötigen Wechsel des Zeichens irritiert werden muss.

Erst wenn der Hund den Slalom als ein eigenständiges Hindernis begreift, das er von der ersten bis zur zwölften Stange durchlaufen muss, können Sie schnell nach vorn laufen, um eventuell einen Wechsel vor dem Hund auszuführen.

Wenn Sie parallel zum Slalom und auf der Höhe des Hundes laufen, müssen Sie ihm so viel Platz lassen, dass er sich im Slalom auch bewegen kann.

Wechsel nach dem Slalom

Drücken Sie ihn nicht aus dem Slalom hinaus! Immer wieder sieht man Hundeführer, die ganz dicht neben dem Hund laufen und sich dann wundern, wenn er aus dem Slalom springt.

Gewöhnen Sie sich auch an, wirklich parallel zum Slalom zu laufen und nicht am Anfang mit einem großen Abstand und am Ende immer enger laufend oder umgekehrt!

Außerdem sollten Sie nicht in gebückter Haltung neben dem Hund laufen, weil sie sonst sehr viel Druck ausüben.

Sie merken schon: Das Erlernen des Slaloms nach dieser Methode ist aufwändig und langwierig. Die Geduld lohnt sich aber, weil der Hund den Slalom anschließend selbstständig meistert und ihn als eigenständiges Gerät ansieht, anstatt nur nach Leckerlis zu schauen oder ständig auf irgendwelche Hand- oder Hörzeichen sowie Schaukelbewegungen zu achten.

Probleme und Lösungen

a) Der Hund fädelt falsch ein.

Mögliche Ursachen:

- Der Hundeführer bedrängt seinen Hund und verwendet keine Körpersprache.
- Der Hundeführer steht zu nah an der ersten Stange.
- Der Hundeführer ist zu weit vom Slalom entfernt

und gibt ihm keine Hilfe.
- Der Hundeführer befindet sich zu weit zurück und gibt ihm keine Hilfe.
- Der Hundeführer rennt zu schnell am Slalom entlang.
- Der Hund hat den Slalom nie richtig gelernt.

Mögliche Lösungen:
- Dem Hund den notwendigen Platz lassen, um nach der ersten Stange einfädeln zu können. Der Hundeführer muss ihn dabei mit der notwendigen Körpersprache und Handeinsatz unterstützen.
- Die größere Entfernung des Hundeführers ist nicht trainiert worden, das muss nachgeholt werden.
- Immer erst am Slalom vorwärts bewegen, wenn der Hund eingefädelt hat. Bei zu viel Vorwärtsdrang drückt der Hundeführer den Hund in das zweite oder dritte Tor. Erst nachdem der Hund sicher einfädelt, können Sie sich schneller vorwärts bewegen.
- Mit der Ausbildung des Hundes am Slalom neu beginnen und nicht zu schnell vorangehen.

b) Der Hund macht Fehler beim Winden im Slalom.

Mögliche Ursache:
- Hier liegt ebenfalls ein Ausbildungsfehler vor, der Hund hat nie richtig seinen Rhythmus im Slalom gefunden.

Mögliche Lösungen:
- Mit Hilfe des Übungsslaloms, bei dem Sie die Stangen schräg stellen können, den Hund seinen Rhythmus finden lassen. Ohne Druck arbeiten, die Schräge der Stangen variieren, mit seinem Lieblingsspielzeug oder Leckerli motivieren.
- Mit der Ausbildung wieder von vorn beginnen.

c) Der Hund springt immer wieder am letzten oder vorletzten Tor bzw. aus der Mitte des Slaloms.

Mögliche Ursache:
- Der Hundeführer bewegt sich am Ende des Slaloms zu früh vom Hindernis weg.
- Der Hundeführer bewegt sich am Ende des Slaloms auf das Hindernis zu.
- Der Hundeführer hört am Ende des Slaloms auf, den Hund mit der Hand zu unterstützen.
- Der Hundeführer hört am Ende des Slaloms auf, den Hund mit dem Hörzeichen zu unterstützen oder er wechselt den Hörlaut.
- Der Hund springt aus dem Slalom, wenn er rechts geführt wird.
- Der Hundeführer ruft seinen Hund im Slalom mit dem Namen an.

Mögliche Lösungen:
- Der Hundeführer muss sich immer parallel zum Slalom bewegen. Ein Trainer oder eine Hilfsperson kann das beobachten.

- Wenn der Hundeführer den Hund im Slalom mit seinen Handbewegungen unterstützt, muss er diese auch bis zum Ende des Slaloms beibehalten. Das Gleiche gilt für die Unterstützung durch einen Hörlaut. Dieses Hörzeichen sollte nicht mitten im Slalom gewechselt werden.
- Wenn der Hund rechts geführt wird, eine zweite Person (Trainer) auf der rechten Seite vom Slalom mitlaufen lassen, damit er sich daran gewöhnt.
- Den Hund niemals im Slalom mit seinem Namen anrufen! Das ist das Zeichen für ihn, sofort zu seinem Hundeführer zu kommen.

PARALLEL LAUFEN

Mit der Art und Weise, wie Sie im Parcours laufen, geben Sie Ihrem Hund die einzuschlagende Richtung an. Oft ist es notwendig, durch paralleles Laufen den Hund von einer Verleitung wegzuziehen oder beispielsweise in den richtigen Slalomeingang hineinzuziehen. Durch die konsequente Anwendung der Körpersprache wird der Hund nicht irritiert und läuft »wie auf Schienen« den gedachten Weg.

Beim parallelen Laufen müssen Sie darauf achten, sich wirklich nicht zum Hund umzudrehen, da Sie sonst Ihren Oberköper – wenn auch nur minimal – drehen, was der Hund als neue Richtungsangabe versteht!

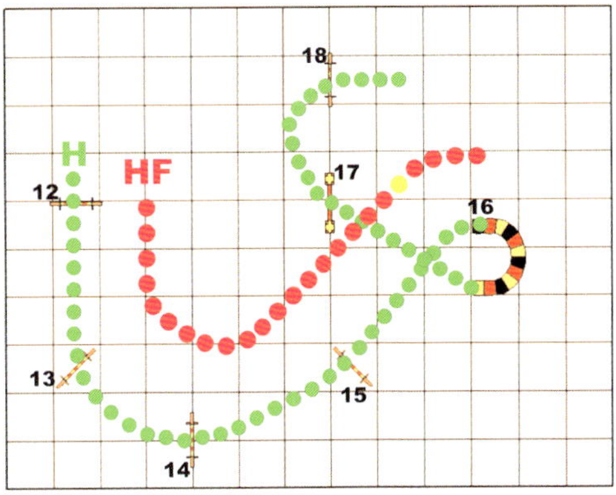

Parcours Nr. 60

PARCOURS NR. 60
Parallel laufen

Laut Zeichnung stellen Sie fünf Hürden, die Mauer und den Flextunnel auf. Das rechte Tunnelloch sollte in der Verlängerung der Hürdenlinie von 14 nach 15 als Verleitung liegen. Um den Hund in das linke Loch zu ziehen, müssen Sie ihn nach Hürde Nr. 15 kurz anrufen. Er wird zu Ihnen schauen. Sie drehen sich nach links und laufen parallel zur Linie Hürde-Tunnel auf die linke Ecke der Mauer zu. Er wird Ihnen folgen und Sie können ihn mit dem Kommando »WEG« oder »DURCH« in das linke Tunnelloch schicken. Durch sein geringes Sehfeld nimmt er das rechte Tunnelloch nicht wahr und läuft ohne Zögern in das linke hinein. Sie wechseln am gelben Punkt die Führseite und leiten den Hund mit der linken Führhand über die Mauer und über die Hürde Nr. 18.

Probieren Sie es aus, es wird nach einigen Versuchen wunderbar passen!

PARCOURS NR. 61
Parallel laufen Mauer-Tunnel
Die weiteren Übungen sind aus den Zeichnungen ersichtlich und erklären sich von selbst.

Auch hier wechseln Sie wieder am gelben Punkt die Führhand und rufen Ihren Hund, wenn er noch im Tunnel ist, mit seinem Namen an. Dadurch kennt er die neue Richtung und wird Ihnen superschnell folgen. Anschließend können Sie ihn locker mit der rechten Führhand über die nächste Hürde leiten. Das Gleiche gilt auch für die nächste Sequenz.

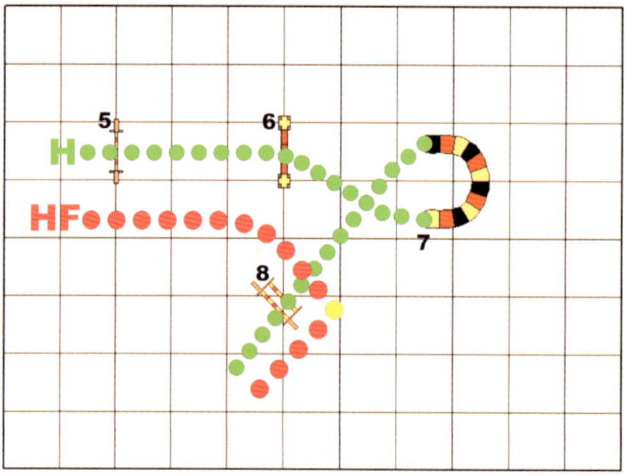

Parcours Nr. 61

PARCOURS NR. 62
Parallel laufen nach dem Slalom
Jetzt wird vielleicht der ein oder andere argumentieren, dass man ja auch das gefährdete Tunnelloch abdecken könnte. Sicher ist das möglich, denn bekanntlich führen viele Wege nach Rom. Bei einem schnellen Hund ist aber die Wahrscheinlichkeit, dass man vor dem Hund dort ankommt, gering. Meiner Meinung nach ist das parallele Laufen die elegantere und vor allem schnellere Lösung!

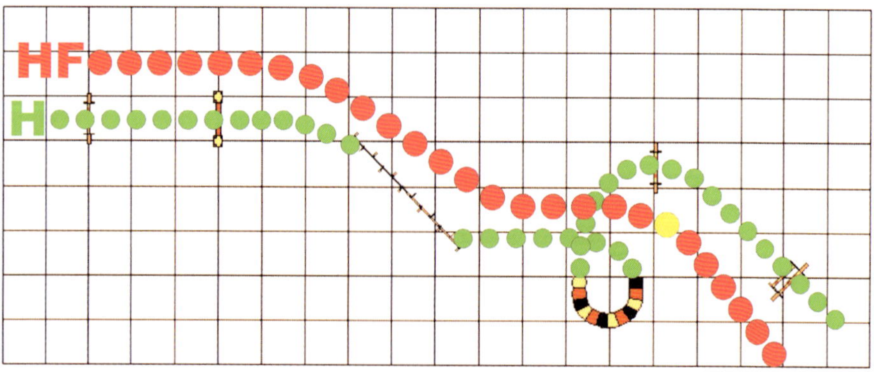

Parcours Nr. 62

PARCOURS LESEN

Den Parcours schon vor dem Start richtig zu lesen und daraus die entsprechenden Entscheidungen zu treffen, ist der Schlüssel zum Erfolg.

Zwei Dinge sind bei der Parcoursbegehung maßgebend:

1. Wo und wie können Sie den Hund während des gesamten Laufs ziehen? Die durchzuführenden Wechsel und Ihre Position im Parcours sind das Ergebnis dieser Überlegungen.

2. Wo und wie positionieren Sie sich im Parcours, um dem Hund mit Ihrem Körper den weiteren Parcoursverlauf schon für die nächsten Hindernisse anzuzeigen? Laufen Sie links oder rechts vom Hindernis? Beziehen Sie die weiteren drei bis vier Hindernisse in die Überlegungen mit ein.

Ich habe mir im Laufe der Jahre folgende Methode angewöhnt und bin damit bisher gut zurecht gekommen: Ich schaue beim Aufbau und beim Ausmessen des Parcours zu. Hierdurch kenne ich schon die Reihenfolge der Hindernisse.

Dann versuche ich, wenn es die Zeit zulässt, den Parcours aufzuzeichnen. Hierbei nehme ich Millimeterpapier DIN A5, um die Abstände und Positionen der einzelnen Hindernisse so originalgetreu wie möglich auf das Papier zu bringen. So erkenne ich schon beim Aufzeichnen die heiklen Stellen und die Verleitungen sowie den genauen Parcoursverlauf. Anschließend gehe ich den Parcours in Ruhe ab überprüfe das, was ich auf dem Papier bereits festgestellt habe, zum Beispiel die genauen Abstände der Hindernisse zueinander.

Ich gehe den Parcours ab und laufe nicht wie ein aufgeregtes Huhn andere Teilnehmer über den Haufen. Wie soll man auch im Laufen die Verleitungen erkennen oder die Wechsel einstudieren? Es heißt ja auch Parcoursbegehung und nicht »Parcours-Berennung«. Wer sich im Rennen den Parcours anschaut, hat meistens schon verloren!

Gehen Sie zuerst in zwei Runden den Parcours nach den aufgestellten Nummern ab und prägen sich die Abfolge ein, entweder nach den aufgestellten Zahlen oder Sie merken sich die Sequenzen und wie Sie Ihren Hund führen wollen. Welche Methode für Sie die Beste ist, müssen Sie im Training herausfinden und dann im Turnier anwenden.

Lassen Sie sich dabei nicht von anderen Teilnehmern ablenken, indem Sie hinter ihnen herlaufen, ohne auf die Zahlen zu achten. Es ist fatal, wenn Sie am Ende der Begehung feststellen müssen, dass Sie nicht aufgepasst haben und falsch abgegangen sind, nur weil Sie einfach hinterher getrottet sind.

Stellen Sie sich in Ihrer dritten Runde den Lauf des Hundes vor.

Überlegen Sie sich bei diesem Durchgang beispielsweise, wie weit der Hund über die Hürden springt. Hierbei stellen Sie fest, welche Hindernisse er in diesem Augenblick sieht. Was sieht er, wenn er aus dem Tunnel kommt, welche Verleitung bemerkt er?

Berücksichtigen Sie dabei das Sehfeld und den Blickwinkel des Hundes. Dabei kann es nötig sein, sich auch einmal zu bücken, um die Hindernisse aus der Sicht des Hundes zu betrachten und zu beurteilen. Das ist besonders wichtig bei der Umgehung von Verleitungen!

Außerdem können Sie dabei festlegen, wo Sie stehen, auf welcher Seite des Hindernisses Sie sich bewegen und welche Wechsel Sie durchführen müssen, um den Hund immer über die Hindernisse zu ziehen und nicht zu drücken. Welche Körpersprache müssen Sie einsetzen, welche Hand- und Hörzeichen geben?

Wo und wann müssen Sie stehen bleiben, um den Hund selbstständig arbeiten zu lassen? An welchem Hindernis dürfen Sie auf keinen Fall voraus laufen und auf den Hund Druck ausüben, um eine Verweigerung oder ein DIS zu vermeiden? Wo müssen Sie eventuell zwei bis drei Schritte zurück oder zur Seite gehen, um den Hund auf sich zu ziehen, und an welcher Stelle müssen Sie parallel laufen? Überlegen Sie immer zwei bis vier Hindernisse im Voraus.

Gehen Sie anschließend den Parcours noch ein viertes Mal ab. Wechseln Sie, wie Sie sich das überlegt haben, setzen Sie die Körpersprache, die Hände und die Hörzeichen ein. Wenn es die Zeit zulässt, können Sie den Parcours in dieser Art sogar noch mehrmals abgehen und sich dabei eventuelle Notlösungen überlegen, falls der Hund nicht so reagieren sollte, wie Sie es vorhergesehen haben.

Stellen Sie sich zum Schluss etwas abseits, machen die Augen zu und stellen sich in Gedanken Ihren Lauf vor.

Falls Sie beim Beobachten anderer Teilnehmer während des Wettkampfs eine andere und eventuell sogar bessere Variante des Laufs sehen, gebe ich Ihnen den Rat, Ihren eigenen festgelegten Weg trotzdem nicht mehr umzustellen. Ich habe dies mehrmals so gemacht und bin dabei gründlich auf den Bauch gefallen! Mein Motto lautet deshalb: So wie abgegangen, so wird gelaufen!

Parcours lesen kann man lernen! Ich persönlich übe es mit meiner Trainingsgruppe so:

Zuerst stelle ich eine Sequenz mit 13 bis 17 Hindernissen mit den Nummern. Danach haben die Hundeführer fünf Minuten Zeit, wie im Turnier, um den Parcours abzugehen und sich den Verlauf des Parcours zu merken. Wenn die fünf Minuten vorüber sind, sammle ich die Nummern ein und die Hundeführer müssen den Parcours aus dem Gedächtnis ohne Hund ablaufen. Hierbei sollen die Körpersprache, die Hör- und Handzeichen sowie die Wechsel ausgeführt werden. Erst danach wird alles mit dem Hund wiederholt und anschließend gemeinsam besprochen und analysiert.

Eine gute Gedächtnisübung stellt auch folgende Methode dar:

Die Hundeführer gehen den Parcours wie vor ab. Danach nehme ich entweder die geraden oder die ungeraden Nummern fort und lasse die Hundeführer wie oben beschrieben den Parcours ablaufen.

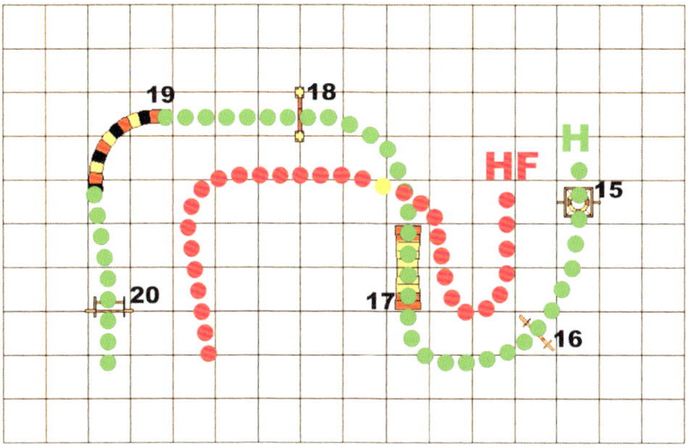

Parcours Nr. 63

Eine weitere Möglichkeit, um das Gedächtnis zu trainieren, besteht darin, den Verlauf des Parcours auswendig aufzusagen. Die Hundeführer stehen mit dem Rücken zu der Sequenz und sagen diese auf z.B.: »Sprung, Sprung, Wippe, Sprung, Wechsel, Slalom ...« und so weiter.

Zu guter Letzt lasse ich eine gestellte Trainingssequenz mit allen Wechseln sowie den erforderlichen Hand- und Hörzeichen aufzeichnen und analysieren.

Hierdurch wird die Konzentration auf den Ablauf des Parcours gefördert und die Hundeführer bekommen mit der Zeit ein sicheres Gefühl für ihren Lauf und gehen nicht mehr mit schlotternden Knien in die Prüfung.

PARCOURS NR. 63
Ziehen des Hundes
Bei dieser Sequenz könnte man natürlich auch zwischen Hürde Nr. 16 und A-Wand wechseln, wenn man denn schnell genug ist, um den Hund senkrecht auf die Wand zu ziehen. Wenn man dies nicht schafft, läuft der Hund evtl. links an der Wand vorbei oder man riskiert vor der Wand eine Hundberührung. Ich bevorzuge die etwas sichere Variante und laufe weit genug zwischen Hürde und Wand mit, so dass ich meinen Hund gerade auf diese ziehen kann. Der notwendige Wechsel erfolgt dann nach der Kontaktzone in Richtung Mauer. Hiernach kann ich den Hund mit der rechten Führhand bis in das Ziel ziehen.

PARCOURS NR. 64
Parcours lesen, Körperposition
Hier müssen Sie sich vorher überlegen, auf welcher Seite des Steges Sie laufen sollten. Wenn Sie auf der »unte-

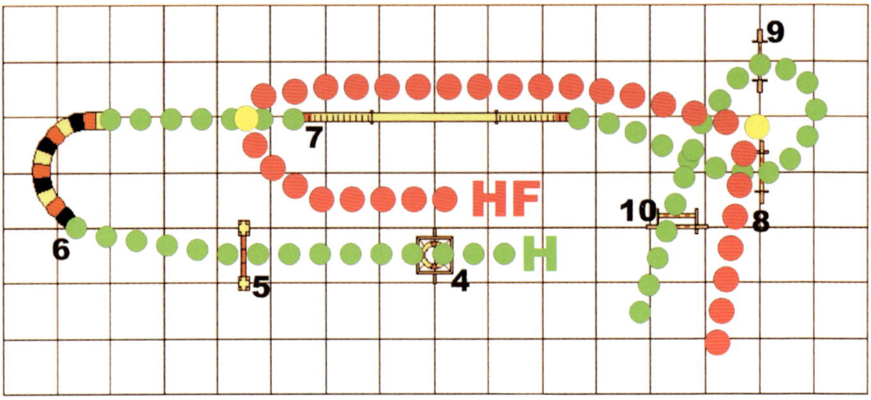

Parcours Nr. 64

ren« Seite, also rechts vom Steg, laufen, müssen Sie am Abgang einen Wechsel machen, um Ihren Hund über Hürde Nr. 8 zu ziehen.

Sie müssen sich am Ende des Steges drehen, wenn Sie einen »Belgier« machen wollen und drehen sich dabei auch kurz in Richtung Hürde Nr. 10. Wenn diese Drehung mit der Ankunft des Hundes am Stegabgang zeitlich zusammenfällt, kann es Ihnen passieren, dass der Hund die Körpersprache auf Hürde Nr. 10 annimmt und in das DIS läuft.

Außerdem verlangsamen Sie bei diesem Wechsel die Geschwindigkeit des Hundes. Deshalb ist hier, wenn überhaupt, ein »Franzose« angebracht.

Ich ziehe wiederum die etwas sicherere Möglichkeit vor und wechsle ohne Probleme zwischen Flextunnel und Steg. Da ich auf der linken Seite vom Steg laufe, signalisiere ich dem Hund, dass es nicht rechts weitergeht. Ich kann geradeaus weiterlaufen und ihn sicher über Hürde Nr. 8 führen, drehe mich am gelben Punkt mit dem Hund und dirigiere ihn so über die Hürde Nr. 9.

Von dort laufe ich dann in Richtung Doppelsprung und kann meinen Lauf schnell fortsetzen.

Kapitel 6

Sequenzen

Im Laufe der Jahre haben sich verschiedene, immer wiederkehrende Sequenzen in der Anordnung und Aufstellung von Hindernissen herauskristallisiert, die von den Leistungsrichtern gern gestellt werden.

Sie sollten in den unterschiedlichsten Aufstellungen und Kombinationen das ganze Jahr über trainiert werden.

EINZELSEQUENZEN sind:

a) **Box; Doppelbox**
b) **Kombination**
c) **Kreisel**
d) **Kurve**
e) **Treppe**
f) **Welle**
g) **Kombinationen der Einzelsequenzen**
h) **Verleitungen**

DIE BOX

Eine Box ist eine Anordnung von vier oder mehr Hindernissen in einem Rechteck. Um für den Hund eine klare und deutliche Richtung anzugeben, ist es besser, in einer Box kaum oder keine Handzeichen zu geben, sondern nur mit Körpersprache zu führen. Der Hund könnte Handzeichen falsch deuten und über eine falsche Hürde in das DIS springen. Probieren Sie die verschiedenen Möglichkeiten, welche die Box bietet, im Training aus und finden Sie dabei Ihren Laufstil heraus. Bei sämtlichen Übungen wird der Hund sowohl rechts als auch links geführt.

PARCOURS NR. 65

Gerade innerhalb durch die Box

Dies ist sozusagen die Anfangsübung. Laufen Sie mit Ihrem Hund (mit dem Vor-Kommando) gerade durch die Box, ohne sich nach ihm umzusehen und den Kopf zur Seite zu drehen. Wenn Sie sich umdrehen, könnte er das missverstehen und über die linke Hürde springen. Bewegen Sie sich beim geraden Lauf durch die Box sehr schnell vorwärts!

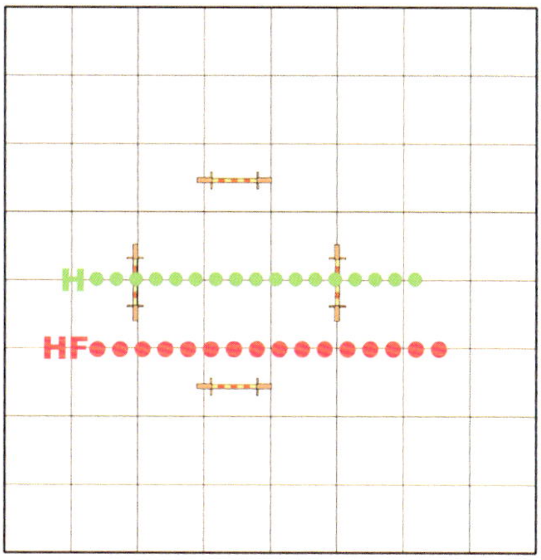

Parcours Nr. 65

PARCOURS NR. 66

Gerade außerhalb der Box

Die gleiche Übung laufen Sie mit Ihrem Hund auch außerhalb der Box. Dies kann notwendig sein, wenn der Parcours nach der Box stark dreht und Sie zum nächsten Hindernis optimal stehen müssen. Auch hier müssen Sie schnell vorwärts laufen.

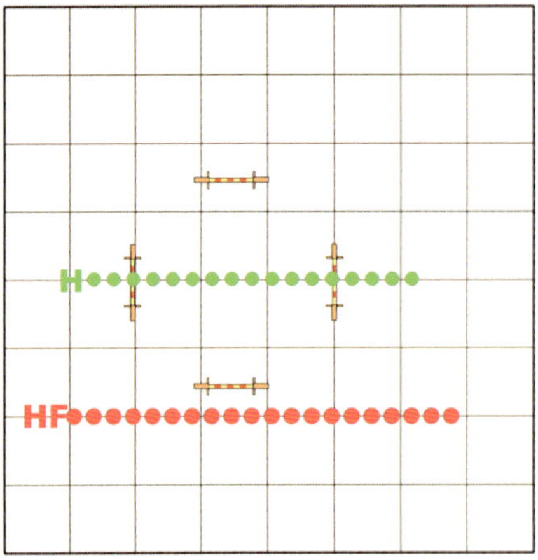

Parcours Nr. 66

Gerade außerhalb der Box

In dieser Abfolge werden nur zwei Hürden der Box gesprungen, so dass Sie Ihren Hund mit Körpersprache und Führhand über die Hindernisse ziehen können.

PARCOURS NR. 67

Box schräg springen, HF innerhalb

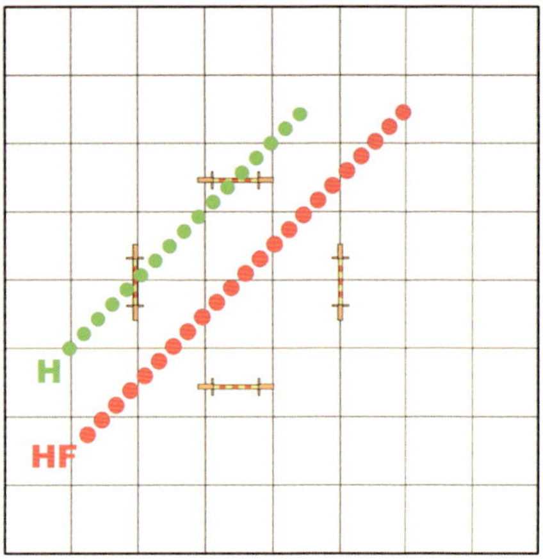

Parcours Nr. 67

Das Gleiche müssen Sie auch hier trainieren, wenn Sie den Hund links führen und innerhalb der Box laufen.

PARCOURS NR. 68

Box schräg springen, HF außerhalb

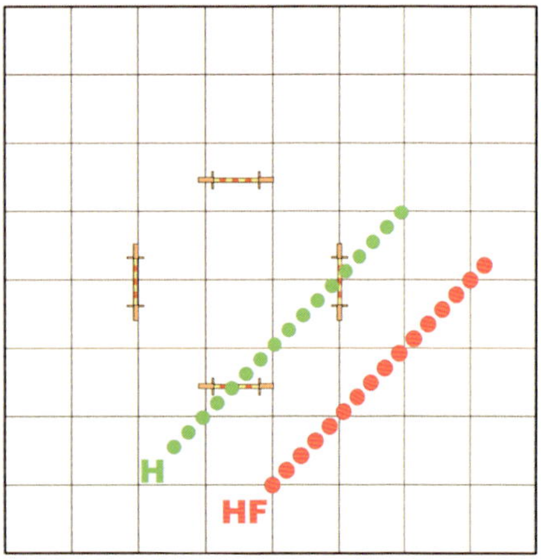

Parcours Nr. 68

Denken Sie dabei an die linke Führhand und geben Sie dem Hund die Richtung vor. Laufen Sie nicht zu dicht am Hund, damit Sie ihn nicht ungewollt aus der Box herausdrücken.

PARCOURS NR. 69
Ziehen in der Box
In diesem Bild laufe ich gerade auf die erste Hürde in der Box zu, schicke meinen Hund über diese und drehe mich dann nach rechts.

Hierbei setze ich auch wieder die Körpersprache und meine Hände ein. Diese Trainingseinheit können Sie ohne Hörzeichen, nur mit der Körpersprache (Drehen) ausprobieren und werden feststellen, dass Ihr Hund Ihnen bestens folgen wird. Natürlich trainieren Sie auch hier wieder rechts und links.

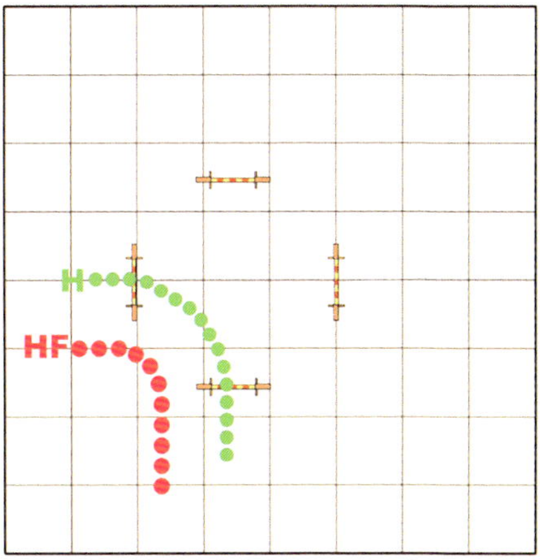

Parcours Nr. 69

PARCOURS NR. 70
Box, Drücken
Hier sind Sie gezwungen, Ihren Hund über die zweite Hürde zu drücken, da Sie durch den Parcoursverlauf keinen Wechsel vor der Box machen konnten. Setzen Sie Ihre rechte Hand als Sperrhand ein. Dies hat aber nur Erfolg, wenn der Hund fast auf gleicher Höhe mit Ihnen läuft. Arbeitet er zu weit vor Ihnen, wird es schwierig, Sie können ihn dann nur noch mit dem Hörzeichen »LINKS« über diese Hürde führen.

Diese Situation im Training ausprobieren und daraus die entsprechenden Konsequenzen ziehen.

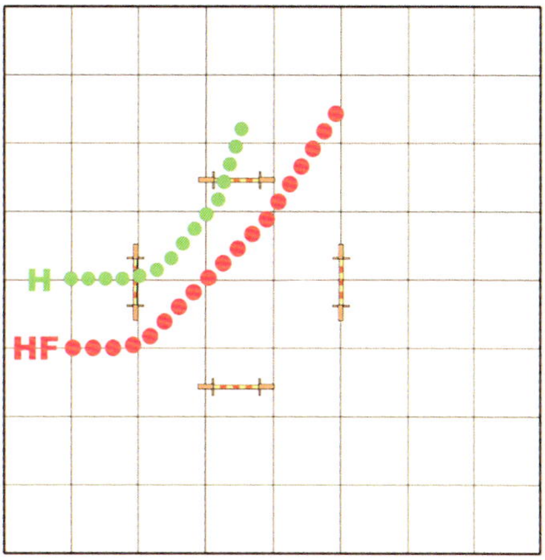

Parcours Nr. 70

Box Außen

PARCOURS NR. 71

Box, Außen

Bei dieser Übung, der Vorstufe für die gesamte Box, können Sie Ihren Hund ohne Hektik mit Körpersprache sowie Hand- und Hörzeichen nach außen über die zweite Hürde schicken.

Dabei können Sie ihn genau kontrollieren, seinen Arbeitsabstand feststellen und sich so verhalten, dass er sehr eng um die Ausleger läuft, um Zeit zu sparen.

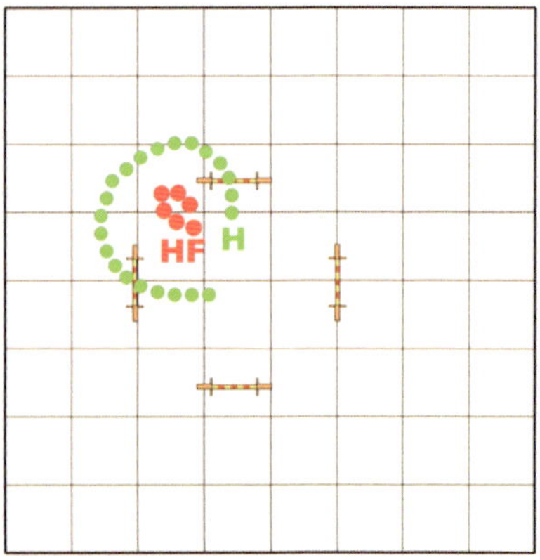

Parcours Nr. 71

PARCOURS NR. 72
Box, klassisch

Laufen Sie bis fast zur zweite Hürde in die Box. Mit dem Kommando »Außen« und in diesem Fall mit der rechten Führhand leiten Sie den Hund über die dritte Hürde. Hierbei drehen Sie sich fast auf der Stelle und haben dabei Ihren Hund immer im Auge, um bei einer falschen Reaktion sofort zu reagieren. Wenn er die dritte Hürde gesprungen hat, laufen Sie schnell auf die vierte Hürde zu und führen ihn darüber.

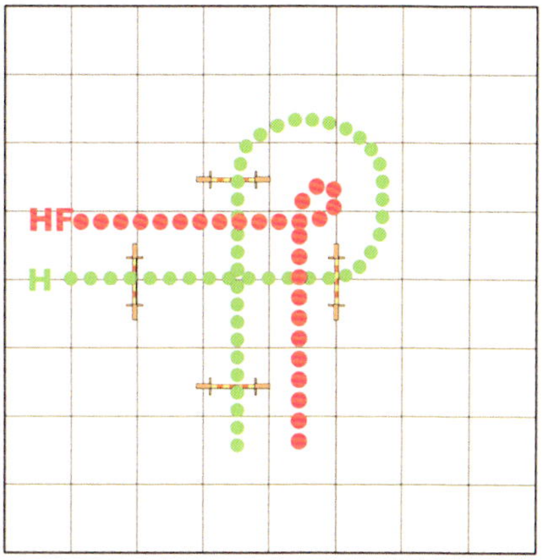

Parcours Nr. 72

Box, klassisch

VORSICHT:

Dreht sich der Hundeführer innerhalb der Box zu seinem Hund oder sieht sich nach ihm um, dreht sich auch die Brust von der geplanten Laufrichtung weg und er teilt dem Hund ungewollt eine Richtungsänderung mit. Machen Sie deshalb in der Box keine unnötigen Bewegungen, die den Hund möglicherweise in die Irre führen.

Bei einem schnellen Hund, der sich auch noch gut von Ihnen löst, können Sie auch folgende Methode trainieren: Führen Sie ihn links, schicken ihn über die erste und zweite Hürde, machen einen oder zwei Schritte nach rechts (gelber Punkt), Hörzeichen: Außen, wechseln Sie die Führhand, nehmen ihn mit der rechten Hand an und führen ihn über die dritte und vierte Hürde.

PARCOURS NR. 73
Box, klassisch mit Wechsel

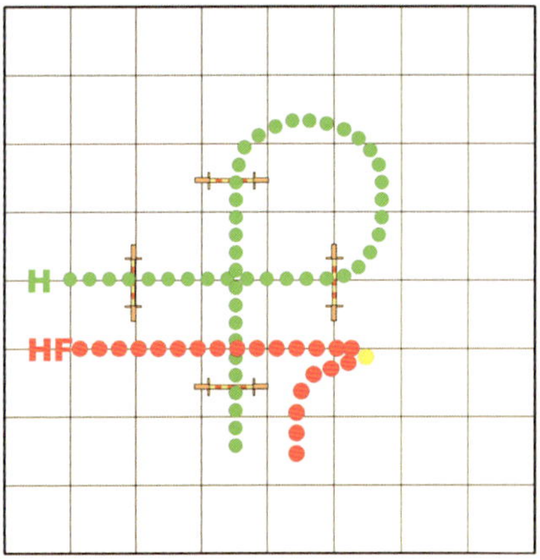

Parcours Nr. 73

PARCOURS NR. 74
Box, klassisch mit Wechsel außerhalb

Bei der nächsten Trainingseinheit müssen Sie wissen, wie der Parcours weiter verläuft. Bleiben Sie entweder auf der rechten Seite, wechseln die Führhand (gelber Punkt) und laufen auf dem gleichen Weg zur ersten Hürde oder Sie entscheiden sich für einen Wechsel Ihrer Laufrichtung (siehe Parcours Nr. 75), um den Hund auf das nächste Hindernis außerhalb der Box zu ziehen.

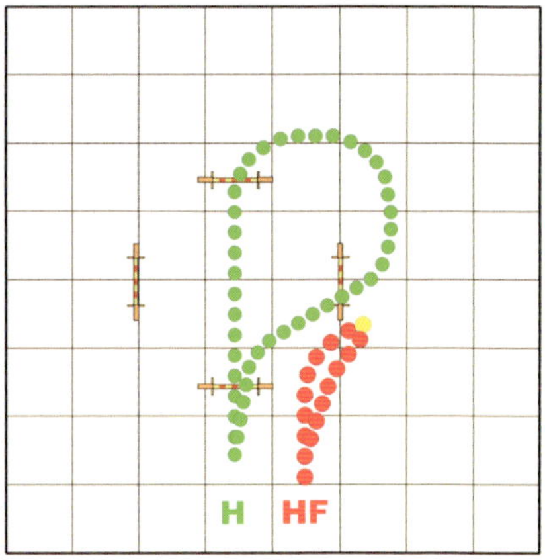

Parcours Nr. 74

PARCOURS NR. 75
Box, klassisch mit Wechsel innerhalb

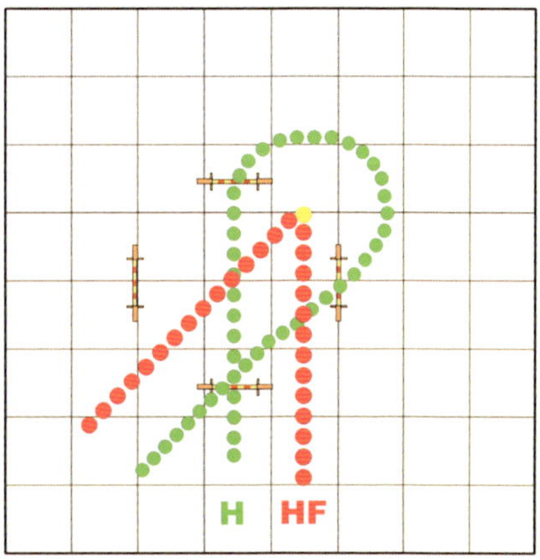

Parcours Nr. 75

PARCOURS NR. 76 a

Box, über die Außenbögen führen

Weitere Übungen mit der Box sind:

a) den Hund über die Außenbögen führen,
b) durch die Ecken zu Ihnen rufen,
c) durch die Ecken nach außen schicken.

Sie stehen innerhalb der Box und dirigieren Ihren Hund durch Körpersprache, Hand- und Hörzeichen. Später können Sie versuchen, ihn nur noch durch das Drehen Ihres Körpers bzw. durch Ihre Schritte (vor und zurück) zu führen. Bei allen drei Übungen ist es wichtig, dass Sie auf den Hund zu- bzw. weggehen, um ihn entweder zu drücken oder zu ziehen. Die Übungen sind gut für die Verbesserung der Führigkeit, trainieren Sie sie im Laufe des Jahres immer wieder.

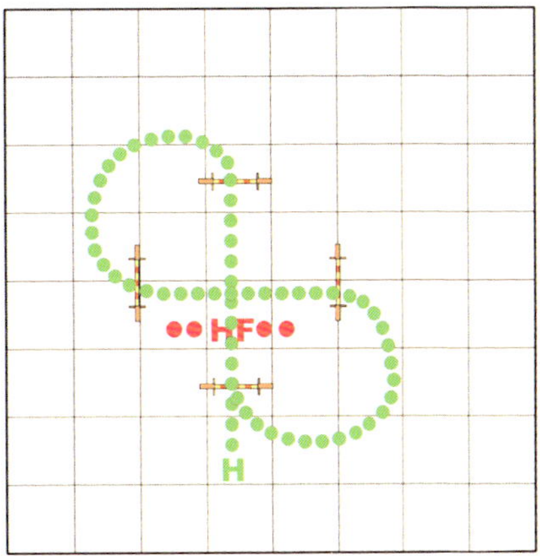

Parcours Nr. 76 a

PARCOURS NR. 76 b

Box, durch die Ecken nach innen

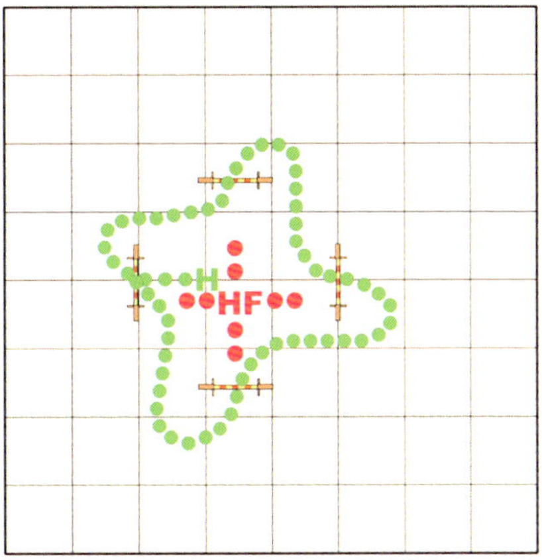

Parcours Nr. 76 b

PARCOURS NR. 76 c

Box, durch die Ecken nach außen

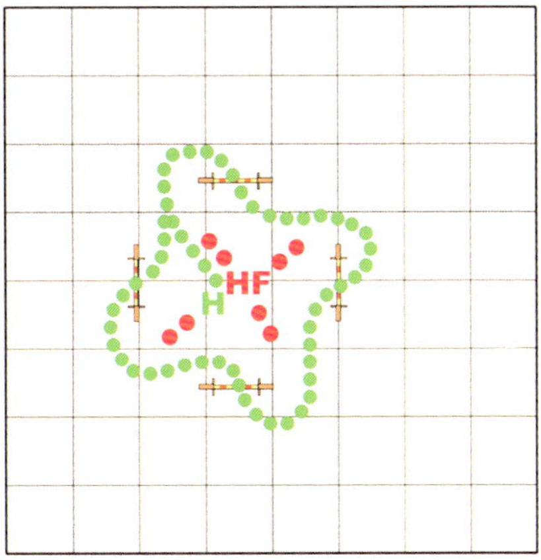

Parcours Nr. 76 c

PARCOURS NR. 77

Box mit Flextunnel

Sie können die Box auch mit anderen Hindernissen kombinieren. Durch unterschiedliche Laufwege können Sie auch hierbei die Führigkeit trainieren und den Arbeitsabstand korrigieren.

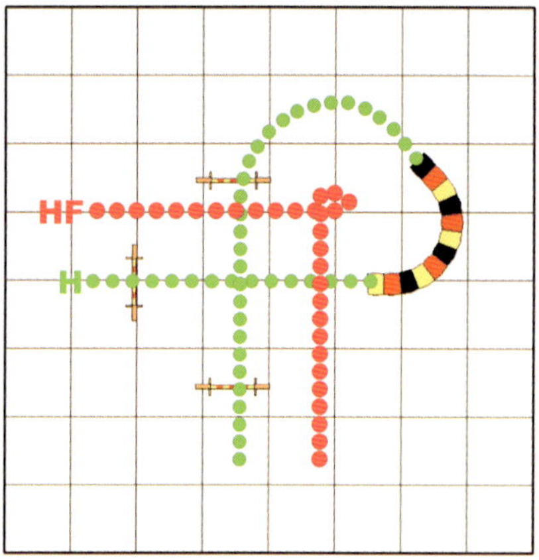

Parcours Nr. 77

PARCOURS NR. 78

Box mit Flügel

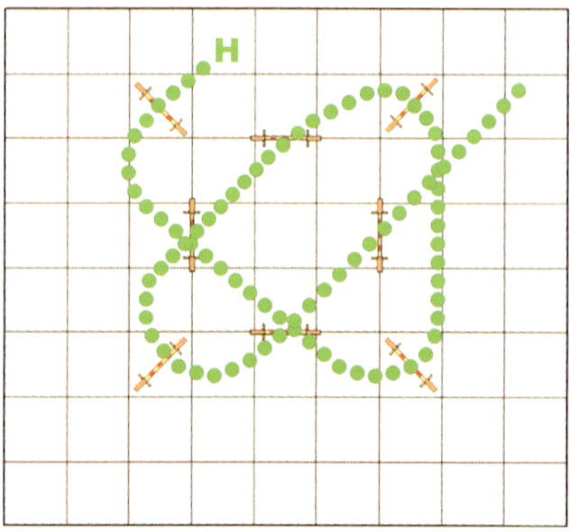

Parcours Nr. 78

PARCOURS NR. 79

Box mit Flügel und Acht

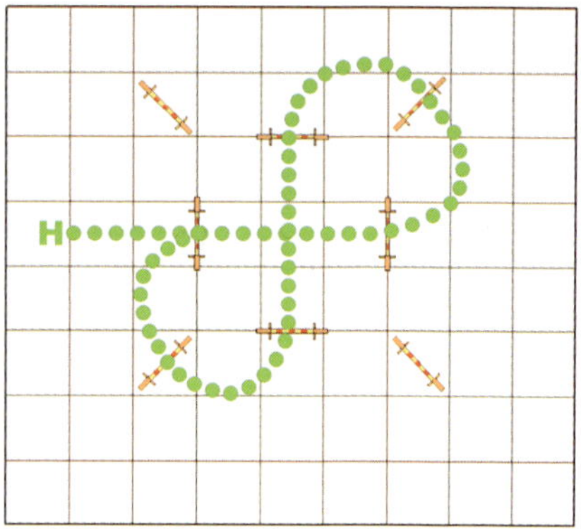

Parcours Nr. 79

Die Doppelbox

Die Doppelbox stellt eine Kombination aus zwei Boxen dar. Auch hier können Sie Ihrer Phantasie im Training freien Lauf lassen und viele Laufmöglichkeiten ausprobieren, je mehr und je öfter, desto besser.

PARCOURS NR. 80

Doppelbox gerade durch

Bei diesen Übungen laufen Sie auch wieder sehr schnell durch beide Boxen und geben dadurch Ihrem Hund die Laufrichtung vor. Zusätzlich unterstützen Sie ihn mit Hand und Hörzeichen. Wenn Sie schräg durch die Boxen laufen, trainieren Sie mit ihm das saubere Springen von schräg stehenden Hürden im vollen Lauf. Er muss dabei etwas höher über die Stange springen und seine Beine mehr strecken oder anziehen, je nach Sprungtechnik.

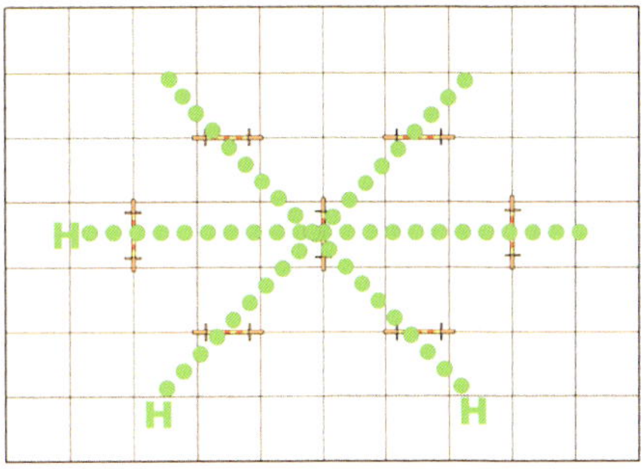

Parcours Nr. 80

PARCOURS NR. 81

Doppelbox mit Acht

Bei dieser Übung können Sie das enge Führen Ihres Hundes trainieren sowie den Wechsel (belgisch oder französisch) an der mittleren Hürde.

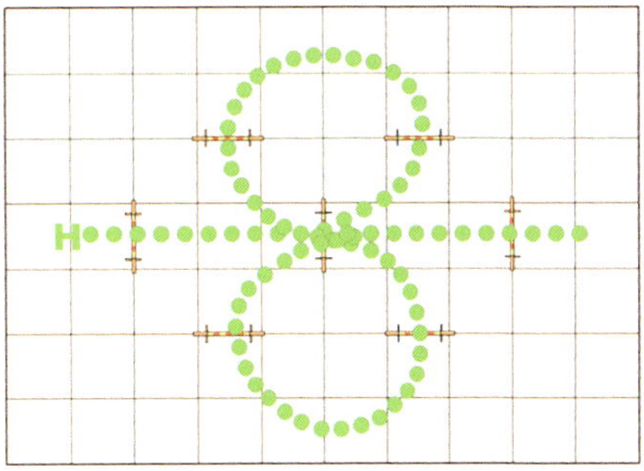

Parcours Nr. 81

PARCOURS NR. 82

Doppelbox mit Wechsel

Hier wird es schon etwas schwieriger, da Sie Ihren Hund über die zweite Hürde schicken und über die dritte mit »Außen« führen müssen.

Am gelben Punkt wechseln Sie die Führseite, nehmen den Hund mit der rechten Hand an und führen ihn mit Ihrer Körperdrehung über die nächsten Hürden.

Bei dieser Übung steht das Schicken und Außen im Vordergrund des Trainings. Wenn dies am Anfang noch nicht klappt, können Sie natürlich auch bis zur zweiten Hürde mitlaufen, den Hund über die dritte Hürde schicken und danach wechseln.

Bei der ersten Variante sparen Sie Zeit, weil Ihr Hund sehr eng um die Ausleger springt. Sie können sich für den weiteren Parcoursverlauf optimal positionieren.

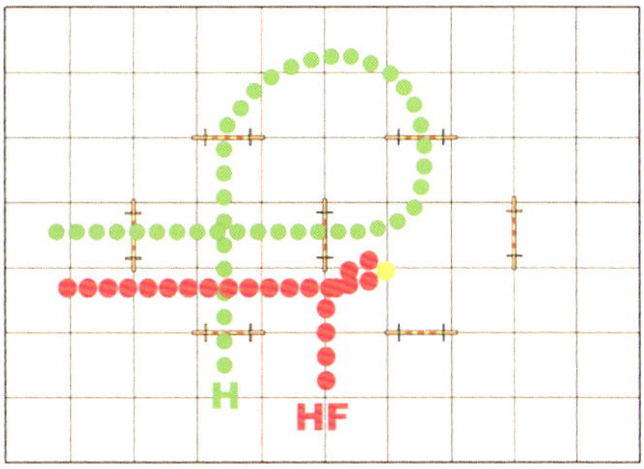

Parcours Nr. 82

Doppelbox mit Wechsel

PARCOURS NR. 83
Doppelbox mit Flügel

Hier sind Ihrer Phantasie kaum Grenzen gesetzt. Sie können die Treppe, den Kreisel, die Welle und die Box mit den entsprechenden Wechseln an einem Stück oder auch für sich allein trainieren. Die Hürden sind relativ schnell aufgebaut und ihr Standort muss nicht verändert werden.

Die Box und die Doppelbox bieten viele Möglichkeiten, um die Führigkeit sowie die Wechsel zu üben. Sie können dann bei einer Prüfung den Parcours in Sequenzen einteilen, auf das trainierte Können Ihres Hundes aufbauen und gelassen in den Lauf gehen!

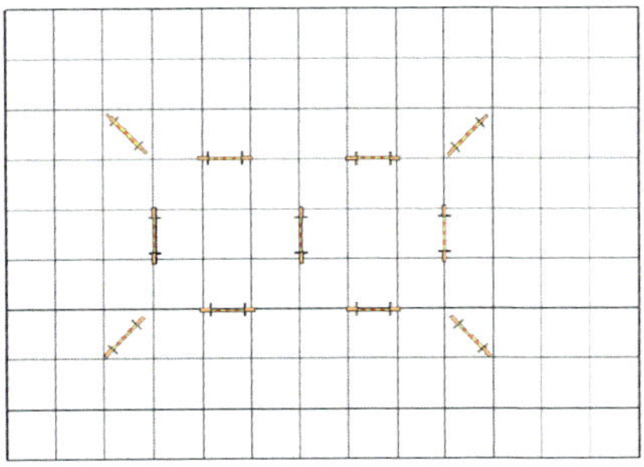

Parcours Nr. 83

DIE KOMBINATION

Eine Kombination besteht aus zwei bzw. drei Hürden, die nicht unbedingt in gerader Linie aufgestellt sein müssen. Die Abstände untereinander betragen zwischen mindestens fünf und maximal sieben Metern. Die Reihenfolge wird durch Ziffern mit Buchstaben angezeigt. Eine Kombination kann z.B. in einer Box oder Doppelbox angeordnet sein. Diese zwei oder drei Hürden in der Kombination zählen sozusagen als ein Gerät.

PARCOURS NR. 84
Kombination

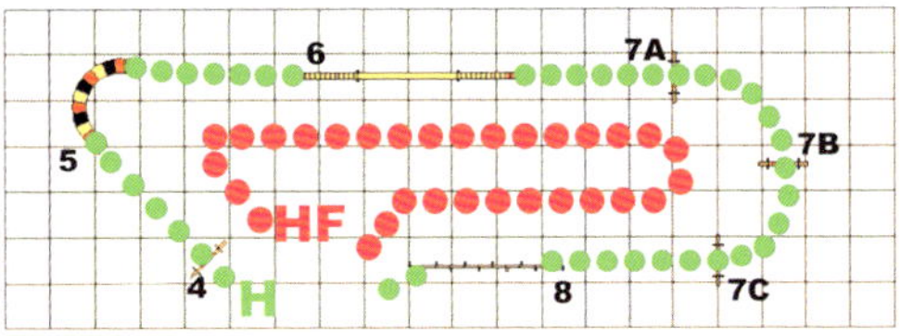

Parcours Nr. 84

PARCOURS NR. 85
Kombination vor dem Ziel

Wenn Ihr Hund in der Kombination eine Verweigerung angezeigt bekommt, egal an welcher Stelle, müssen Sie die gesamte Kombination wiederholen. Es führt zur Disqualifizierung, wenn Sie ihn nicht wieder am Beginn der Kombination ansetzen. In den meisten Fällen wird ein guter Richter bei der Besprechung darauf aufmerksam machen. Fatal ist eine Verweigerung in der Kombination, wenn diese am Schluss des Parcours aufgestellt wurde. In vielen Fällen muss der Richter eine Disqualifikation aussprechen, weil sich die meisten Hunde auf dem Weg nach »Hause« nicht mehr stoppen lassen und über die Ziel-Hürde springen.

Sie müssen deshalb bei einer Kombination immer hellwach sein und

Ihren Hund (und, wenn möglich, auch den Richter) genau beobachten, um sofort zu reagieren.

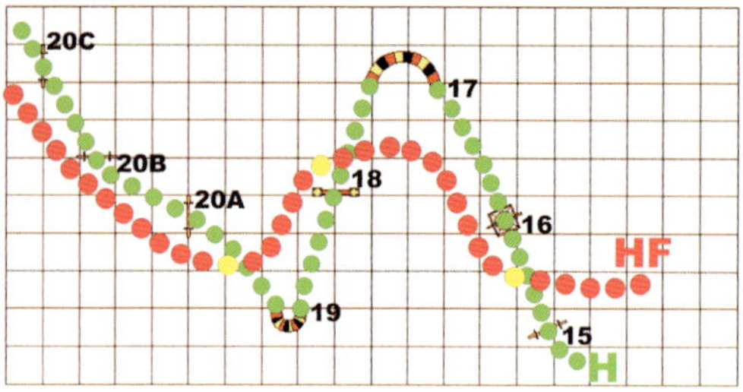

Parcours Nr. 85

DER KREISEL

Der Kreisel besteht in der Regel aus drei bis fünf Sprunghindernissen, die kreuz- bzw. sternförmig aufgestellt sind.

PARCOURS NR. 86

Kreiselvarianten

Bei allen Kreiselvarianten laufen Sie meistens in die Mitte des Kreisels und führen Ihren Hund mit der entsprechenden Führhand und Körperdrehung. Alle Varianten werden auch wieder rechts und links geführt trainiert. Nachdem Ihr Hund gut mit der Hand zu führen ist, trainieren Sie ihn nur mit Ihrer Körperdrehung. Außerdem üben Sie die eventuell notwendigen Wechsel.

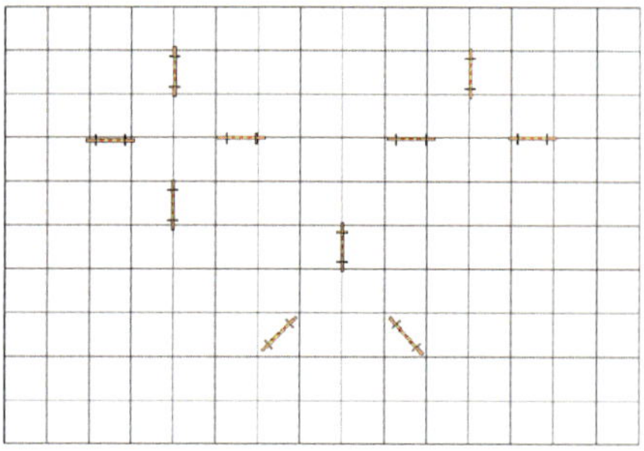

Parcours Nr. 86

PARCOURS NR. 87

Kreisel mit Wechsel und Flextunnel

Laufen Sie in die Mitte des Kreisels und drehen sich in die vorgegebene Laufrichtung. Hierbei können Sie Ihre Führhand einsetzen, wenn keine Verleitungen außerhalb des Kreisels vorhanden sind. Bei ausreichendem Training folgt der Hund nur Ihrer Körpersprache, ohne dass Sie die Hand zur Hilfe nehmen. Am gelben Punkt müssen Sie wechseln.

Passen Sie auf, wenn ein Hindernis nicht im gedachten Kreis steht, sondern etwas nach außen versetzt ist (siehe Nr. 10, Mauer). Dann müssen Sie mit der linken Hand als Sperrhand

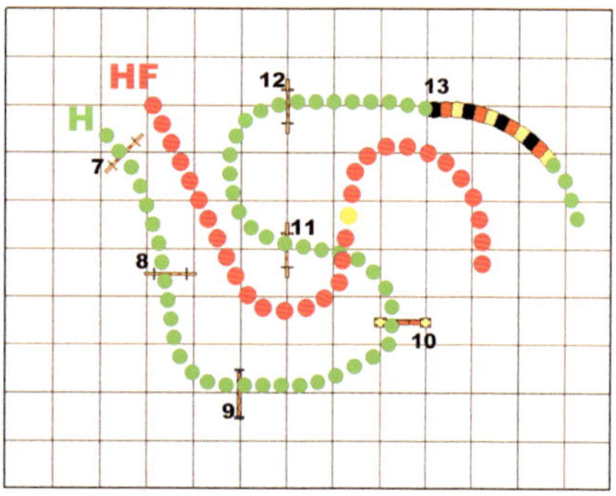

Parcours Nr. 87

arbeiten, um den Hund sauber zu führen und keine Verweigerung zu riskieren. Eventuell müssen Sie einige Schritte auf das »außerhalb« stehende Hindernis zulaufen, um den Hund auf dieses zu drücken.

1. PARCOURS NR. 88

Kreisel

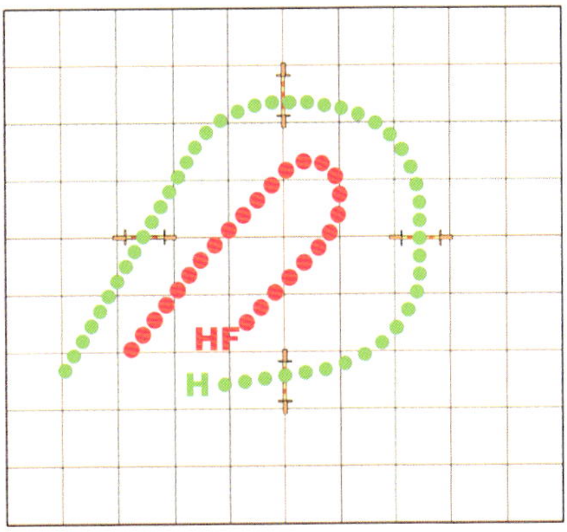

Parcours Nr. 88

1. Hier führen Sie den Hund rechts und zeigen ihm mit Ihrer rechten Führhand den Verlauf des Kreisels an. Außerdem drehen Sie sich in die angegebene Richtung.

2. PARCOURS NR. 89

Kreisel mit Wechsel

2. Wenn sich Ihr Hund von Ihnen löst und Sie ihn schicken können, trainieren Sie Ihre Lauflinien 2 und 3 mit den entsprechenden Wechseln am gelben Punkt. Eventuell müssen Sie dabei die Sperrhand einsetzen, um den Hund über die Hürden zwei und drei zu schicken. Diese Wechsel sind notwendig, wenn der Parcours nach der 4. Hürde nach rechts dreht und Sie den Hund weiter über die nächsten Hindernisse ziehen wollen. Das Gleiche trainieren Sie natürlich auch wieder mit dem links geführten Hund.

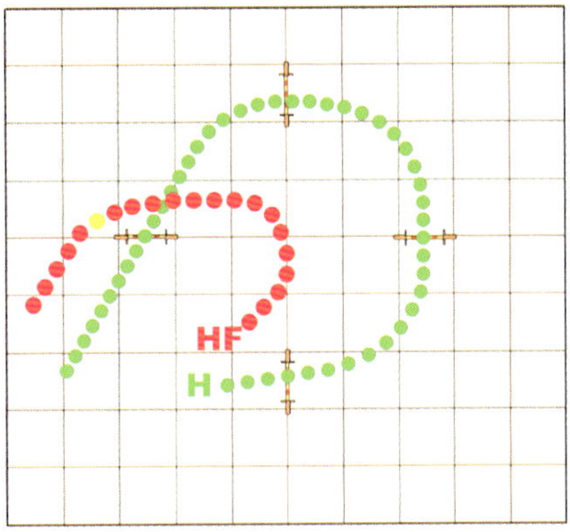

Parcours Nr. 89

3. PARCOURS NR. 90

Kreisel mit Wechsel außerhalb

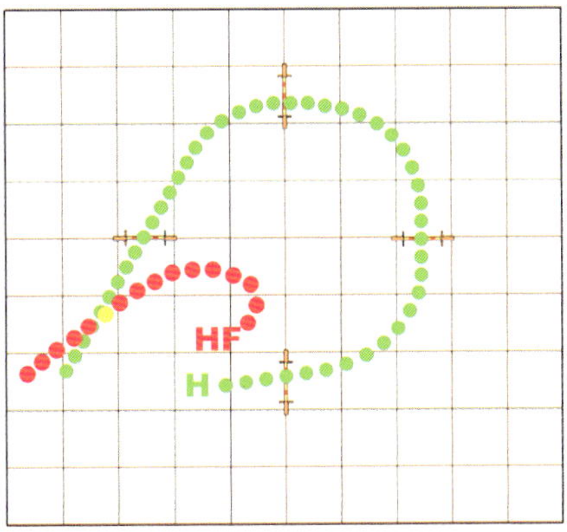

Parcours Nr. 90

PARCOURS NR. 91

Kreisel mit drei Hürden und Tunnel

Wenn Ihr Hund gut zu führen ist, können Sie evtl. direkt zum Tunnelausgang laufen, ohne die zweite Hürde abzudecken. Das müssen Sie im Training üben und dabei feststellen, ob er Ihrer Körpersprache und Führhand folgt. Ist das der Fall, sparen Sie sich einige Laufmeter und sind früher am Tunnelausgang, um ihn von dort in den Slalom zu führen.

Sie laufen in die Mitte des Kreisels und können Ihren Hund dadurch vom Tunnel (Verleitung) wegziehen. Mit Körperdrehung und rechter Führhand führen Sie ihn über die drei Hürden. Da Sie auf dem »Rückweg« vor der zweiten Hürde laufen und diese abdecken, können Sie den Hund ohne Schwierigkeiten in den Tunnel schicken. Sie nehmen ihn am Tunnelausgang an und führen ihn anschließend in den Slalom.

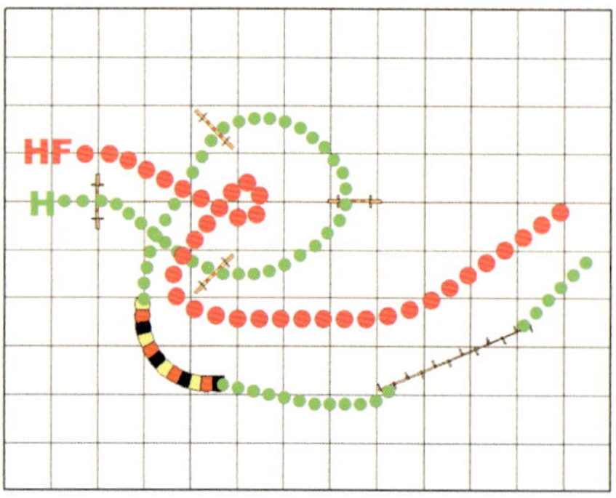

Parcours Nr. 91

Beim Parcours Nr. 92 besteht der Kreisel nur aus drei Hürden. Bei dieser Aufstellung müssen Sie am gelben Punkt wechseln, um Ihren Hund über die Hürden zu ziehen. Sie können nicht in die Mitte des Kreisels laufen, sondern müssen zu den jeweiligen Hürden laufen, um dem Hund die Laufrichtung anzuzeigen.

PARCOURS NR. 92

Kreisel mit drei Hürden

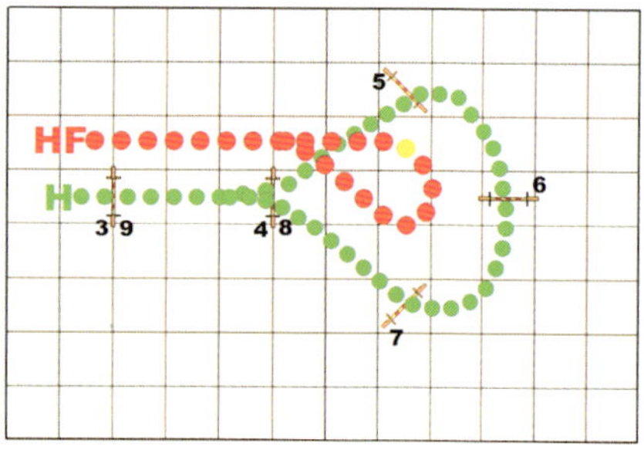

Parcours Nr. 92

PARCOURS NR. 93

Kreisel mit zwei Wechseln

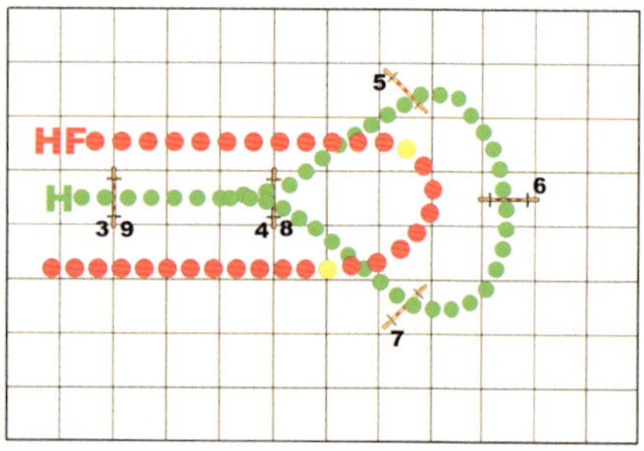

Parcours Nr. 93

In diesem Kreisel arbeiten Sie mit zwei Wechseln (gelbe Punkte), wenn der Parcours ab Hürde Nr. 9 nach links weiterläuft. So können Sie Ihren Hund sauber über alle Hürden ziehen.

PARCOURS NR. 94
Doppelkreisel mit Wechsel, kurzer Weg

Wenn Ihr Hund vorausläuft und sich von Ihnen löst, können Sie ihn über die ersten drei Hürden schicken.

Laufen Sie parallel zu der vierten Hürde und wechseln am gelben Punkt. Nehmen Sie ihn mit der rechten Hand an, damit Sie ihn problemlos über die restlichen Hürden führen können.

Wenn Sie einen schnellen Hund besitzen, gewinnen Sie durch diesen Lauf etwas Vorsprung und können sich optimal zum weiteren Parcoursverlauf stellen.

Wenn dies nicht auf Anhieb gelingen sollte, probieren Sie zu Beginn den weiteren Weg aus (Parcours Nr. 95), bis der Hund versteht, was Sie von ihm wollen. Auch hierbei müssen Sie am gelben Punkt wechseln.

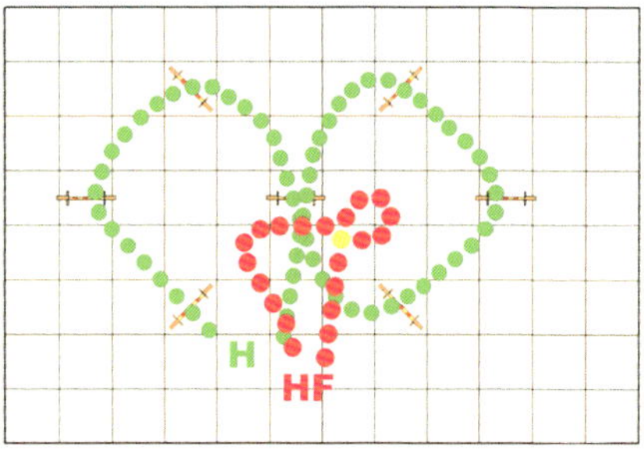

Parcours Nr. 94

Im Doppelkreisel können Sie sicher noch weitere Laufwege trainieren – hier ist Ihre Phantasie gefragt!

PARCOURS NR. 95
Doppelkreisel mit Wechsel, langer Weg

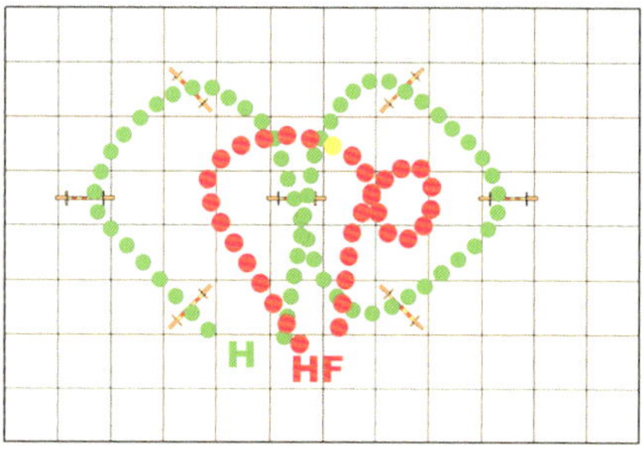

Parcours Nr. 95

PARCOURS NR. 96
Kurve

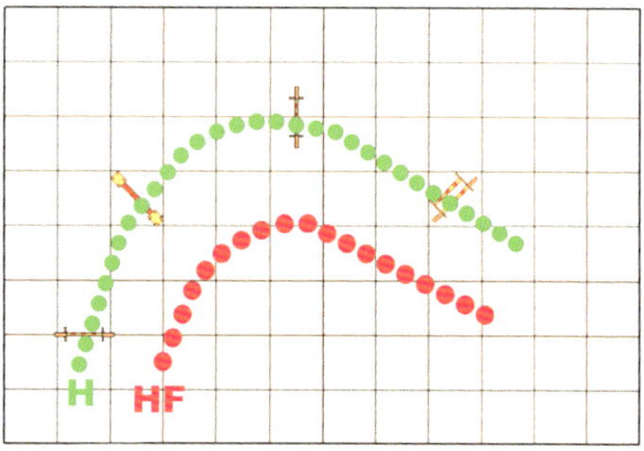

Parcours Nr. 96

DIE KURVE

Bei einer Kurve werden die Hindernisse, wie der Name schon sagt, in einer Kurve aufgestellt. Die Kurve kann steiler oder flacher gestellt sein.

Bei dieser Anordnung ist es generell schwierig, den Hund in gerader Linie über mehrere Hindernisse abzurufen. Sie müssen nach den ersten Sprüngen innen bzw. außen mitlaufen.

Dies ist abhängig von dem weiteren Parcoursverlauf (siehe Parcoursplan).

Wenn die Kurve eng gestellt wurde, können Sie vielleicht durch einen Wechsel einen kürzen Weg für sich erreichen und somit eine bessere Führung des Hundes.

Doppelkreisel mit Wechsel, langer Weg

Kurve

PARCOURS NR. 97
Kurve mit Wechsel
Bei der Kurve kommt es auf das genaue Lesen des Parcours an, um so von Beginn an Fehler zu vermeiden. Die Kurve sieht so harmlos aus, sie ist aber doch sehr fehleranfällig, weil der Hund teilweise schräg über die Hindernisse springen muss. Also aufgepasst!

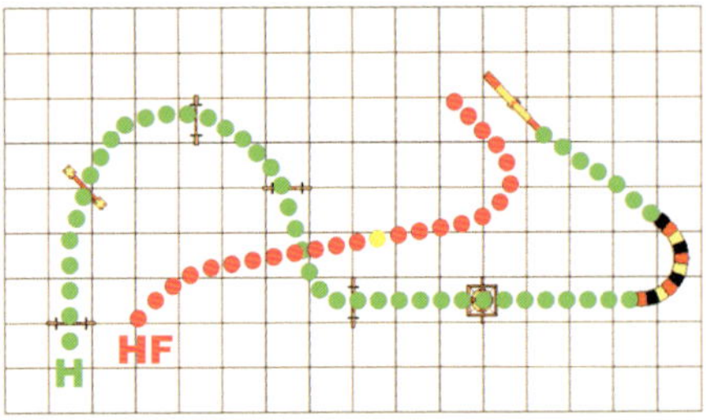

Parcours Nr. 97

DIE TREPPE
Von einer Treppe spricht man, wenn die Hindernisse, meistens Sprünge, in der folgenden Formation aufgestellt werden:

PARCOURS NR. 98
Treppe

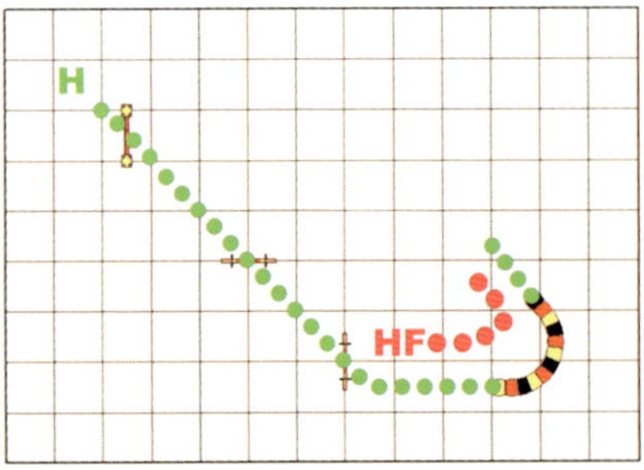

Parcours Nr. 98

Hier können Sie Ihren Hund in den meisten Fällen in gerader Linie abrufen bzw. mitlaufen und führen. Sie müssen sich auch hier wieder für den weiteren Parcoursverlauf positionieren, um ohne Verzögerung weiterlaufen zu können. Die einzige Schwierigkeit ist das schräge Überspringen der Hürden. Dies muss im Training ausgiebig geübt werden, um den Hund daran zu gewöhnen. Die Abstände und die Winkel der Hindernisse sollten bei den einzelnen Trainingseinheiten unterschiedlich sein.

PARCOURS NR. 99
Treppe mit Wechsel
Auch bei der Treppe müssen Sie wechseln, um Ihren Hund über die Hindernisse zu ziehen. Die obige Anordnung bietet sich an, um den »Französischen Wechsel« an den gelben Punkten ausgiebig zu üben.

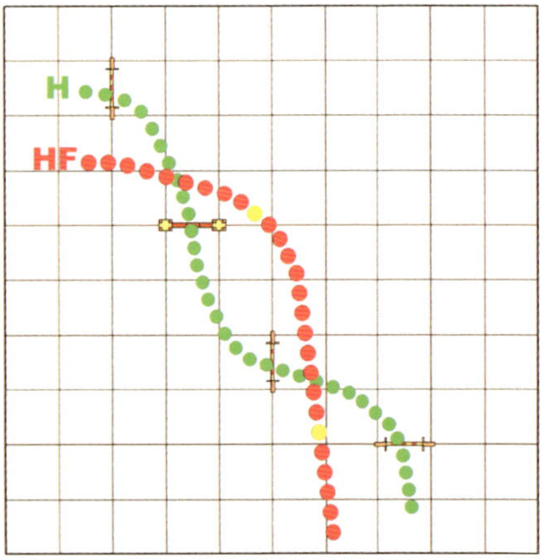

Parcours Nr. 99

DIE WELLE

Bei der Welle handelt es sich um eine Sprungkombination. Diese Kombination kann aus zwei und mehr Sprunghindernissen bestehen (Hürden, Mauer), die hintereinander stehen. Man spricht von einer Zweier-, Dreier-, ... Fünferwelle.

Verweigert der Hund hier, müssen Sie aber nicht wie bei einer Kombination alle Hindernisse wiederholen!

PARCOURS NR. 100
Welle, fünffach

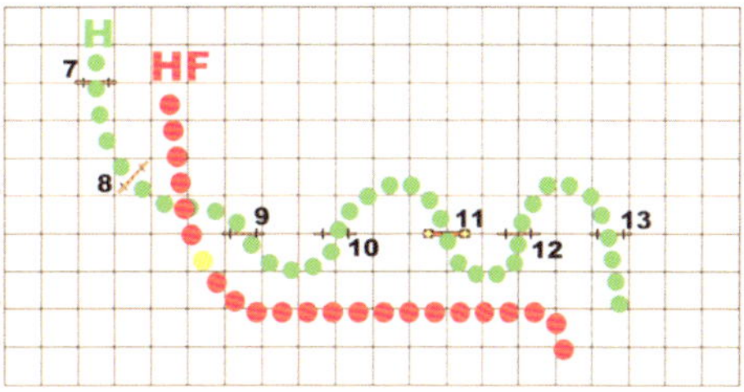

Parcours Nr. 100

Welle fünffach

Geben Sie Ihrem Hund beim Abarbeiten der Welle genügend Raum, damit er die einzelnen Hindernisse sauber springen kann. Hierbei ist es wichtig, nicht zu schnell vorwärts zu laufen. Wenn Sie sich parallel zu den Hindernissen bewegen, dürfen Sie nicht zu viel Druck aufbauen, damit der Hund keines auslässt. Setzen Sie Ihre Hände und Körpersprache ein, um dem Hund den richtigen Weg zu zeigen. Wenn der Hund »RECHTS/ LINKS« Kommandos beherrscht, ist die Welle für ihn einfacher zu laufen. Sie müssen aber darauf achten, dass Sie das Hörzeichen »RECHTS bzw. LINKS« für die nächste Hürde erst geben, wenn der Hund die vorhergehende Hürde übersprungen hat, damit er keinen Stangenfehler produziert.

Beim Abarbeiten müssen Sie auf der Seite der Welle laufen, auf der es nach der Welle im Parcours weitergeht. Falls Sie sich trotz allem auf der anderen, falschen Seite befinden, sind Sie in den meisten Fällen nicht schnell genug am nächsten Hindernis und müssen Ihren Hund darüber »drücken«. Er fängt dann vielfach an zu drehen, weil er nicht rechtzeitig den Körpersprachebefehl bekommen hat und nicht weiß, wie und wo es weitergeht.

PARCOURS NR. 101

Welle, fünffach, mit Wechsel

Wenn Sie schnell genug sind, können Sie selbstverständlich auch zwischen den Hindernissen wechseln (siehe gelbe Punkte). Nur müssen Sie dann eben sehr schnell sein! Probieren Sie diesen Laufstil im Training aus, um zu sehen, wie Sie damit zurecht kommen. Er ist auf alle Fälle zu bevorzugen, da Sie Ihren Hund dabei immer ziehen können.

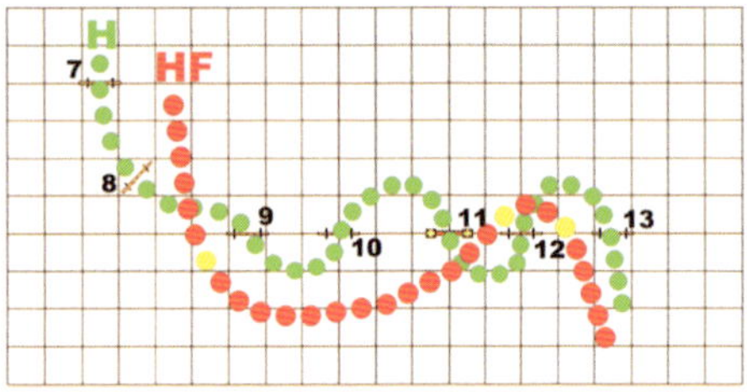

Parcours Nr. 101

Kombination der Einzelsequenzen

Die Kombination von verschiedenen Sequenzen ist ein beliebtes Mittel, um die Führigkeit der Hunde zu überprüfen. Wenn Sie mit Ihrem Hund die unterschiedlichen Einzelsequenzen beherrschen, müssen Sie nicht mit »Herzflattern« an die Kombinationen gehen. Sie müssen bei der Parcoursbegehung die Kombinationen einzeln aufteilen, um diese dann hintereinander mit der notwendigen Körpersprache sowie den Hand- und Hörzeichen ruhig, wie im Training geübt, abzuarbeiten.

Einige nachfolgende Pläne veranschaulichen dies und sollen zum Üben anregen. Weitere Zusammenstellungen sind der Phantasie des Hundeführers und des Trainers überlassen!

PARCOURS NR. 102

Box mit Welle, Kreisel und Flextunnel

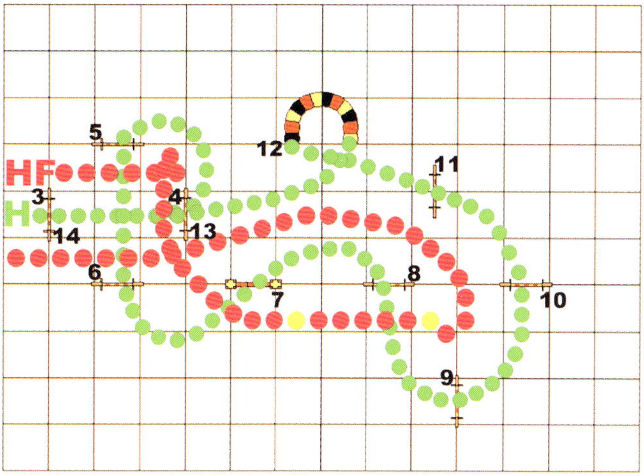

Parcours Nr. 102

PARCOURS NR. 103

Kombination aus Kurve, Treppe und Kreisel

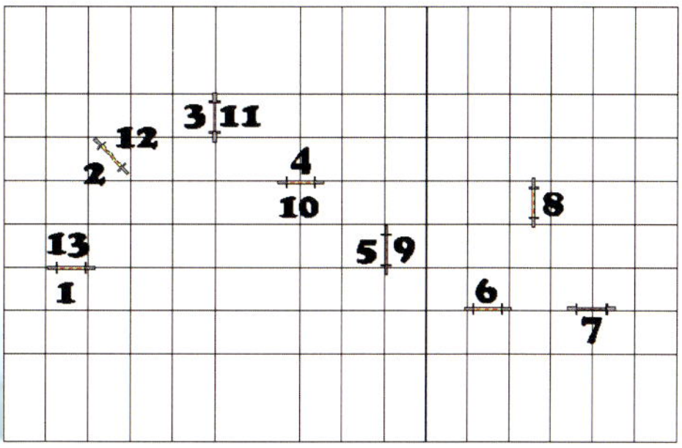

Parcours Nr. 103

PARCOURS NR. 104

Box mit Kreisel

Bei dieser Übung können Sie Ihren Hund nur durch Körpersprache (Drehen, rechte Führhand) immer auf der rechten Seite führen. Sie brauchen ihn dabei nicht mit Hörzeichen zu unterstützen, da er sich ausschließlich nach Ihrem Laufstil richten wird. Auch dies ist eine hervorragende Übung, um den Hund ohne Hörzeichen eng um die Ausleger zu führen und ihn ausschließlich auf Ihre Körpersprache zu konditionieren.

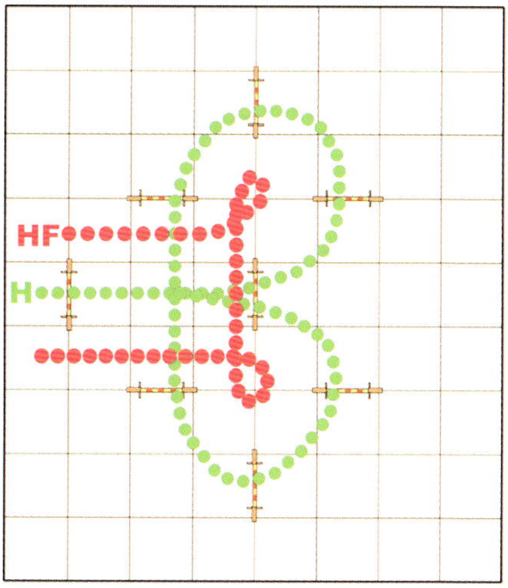

Parcours Nr. 104

PARCOURS NR. 105

Box mit Kreisel und Treppe

Hier führen Sie Ihren Hund mit der rechten Führhand durch die Box und anschließend durch den Kreisel. Am gelben Punkt wechseln Sie die Führseite und führen ihn anschließend mit der linken Hand über die restlichen Hindernisse. Die ganze Übung trainieren Sie auch mit der Treppe zuerst und dann mit den Kreiseln und der Box.

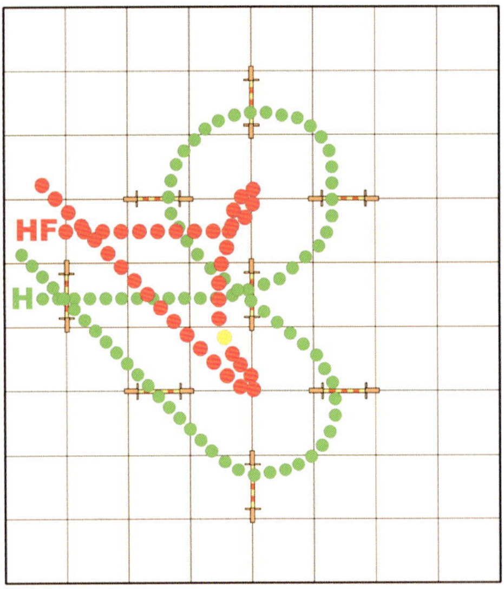

Parcours Nr. 105

PARCOURS NR. 106

Kreisel mit Box und Treppe

Bei dieser Anordnung der Hürden können Sie viele verschiedene Varianten mit Kreisel, Box und Treppe trainieren. Außerdem bietet sich hierbei auch das Üben der verschiedenen Wechsel an.

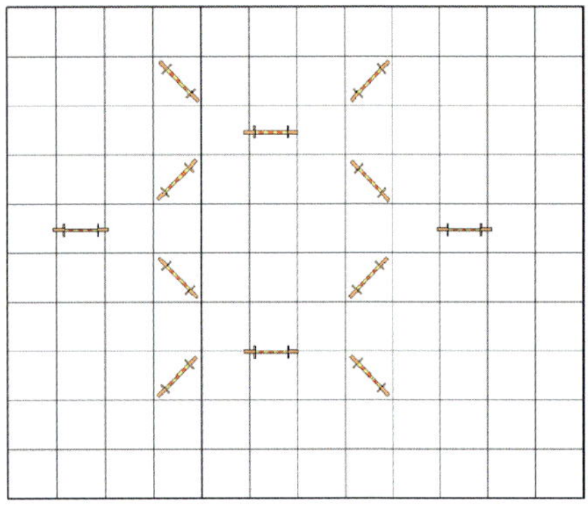

Parcours Nr. 106

Kapitel 7

Verleitungen

Verleitungen sind bei der Agility sozusagen das Salz in der Suppe. Sie werden von den Richtern nicht nur plump gestellt, sondern manchmal so fein, dass sie schwer zu erkennen sind. Es bedarf schon einiger Erfahrung, die Verleitungen bei der Parcoursbegehung herauszufiltern und richtig darauf zu reagieren.

Verleitungen werden mit allen Hindernissen gestellt und sind nicht speziellen Regeln unterworfen. In vielen Fällen werden Verleitungen nach schnellen Passagen angeordnet.

Es ist deshalb besonders wichtig, bei der Parcoursbegehung aufmerksam zu sein, um die Fallen zu entdecken. Wenn Sie eine Verleitung entdeckt haben, können Sie gelassen darauf reagieren. Meistens können Sie den Hund mit einem Seitenwechsel, durch Ihre Körpersprache und durch den Einsatz Ihrer Hände von der Verleitung wegziehen. Nachfolgende Pläne und Fotos sollen Ihren Blick für solche Verleitungen schärfen und zum Üben anregen.

PARCOURS NR. 107
Verleitung durch nebeneinander liegende Tunnel

In dieser klassischen Verleitung können Sie Ihren Hund abrufen und ihn durch den unteren Tunnel schicken. Er wird sich zu Ihnen orientieren und zu Ihnen laufen. Sie dürfen sich aber nicht zu früh in Richtung Tunnel bewegen, sonst nimmt er den oberen. Der weitere Verlauf geht aus den Nummern hervor. Sie können hierbei die Wechsel (gelbe Punkte) und die Slalomeingänge üben.

Sie können natürlich am Start auch den langen Tunnel abdecken und den Hund in Tunnel Nr. 2 schicken. Wenn Sie schnell genug sind, können Sie oberhalb des Tunnels Nr. 9 laufen und den Wechsel auch oberhalb des Slalomeingangs ausführen. In dem Fall ziehen Sie Ihren Hund und müssen ihn nicht über Hürde Nr. 3 drücken.

Welche Variante für Sie besser zu laufen ist, müssen Sie im Training ausprobieren.

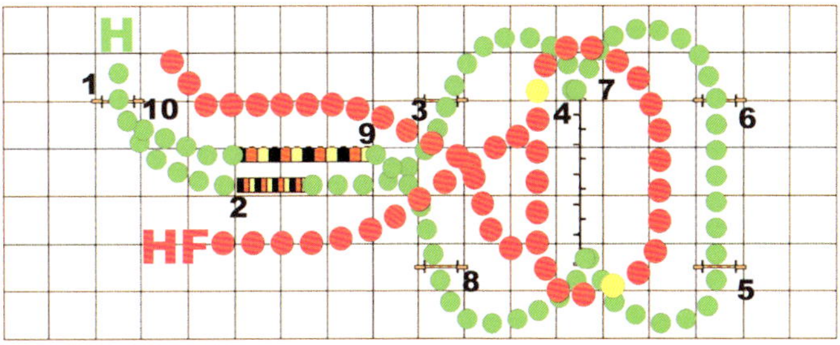

Parcours Nr. 107

PARCOURS NR. 108
Schwierige Tunnelpassage

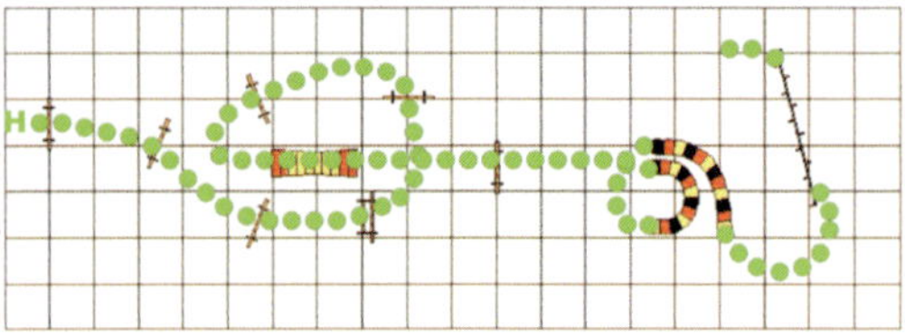

Parcours Nr. 108

In dieser Sequenz habe ich bewusst keine Lauflinie des Hundeführers eingezeichnet. Sie sollten diese selbst herausfinden und sich dabei bewusst werden, wie und auf was Ihr Hund reagiert. Auch aus negativen Reaktionen können Sie lernen und daraus die richtigen Schlüsse ziehen!

Hier müssen Sie zwischen Hindernis 10 und 11 wechseln (gelber Punkt), um auf der linken Seite am Reifen entlangzulaufen und Ihren Hund mit Hilfe der Körpersprache von der Wippe wegziehen zu können. Er wird sich nach dem Reifen an Ihrer Laufrichtung orientieren und sicher über die Hürde Nr. 12 führen lassen. Durch den Wechsel vor dem Reifen können Sie den Hund zum nächsten Hindernis ziehen und brauchen ihn nicht über Hürde Nr. 12 zu drücken. Außerdem riskieren Sie keinen Zusammenstoß oder eine Hundberührung mit fünf Fehlern.

Verleitung durch die Wippe

PARCOURS NR. 109

Verleitung durch die Wippe

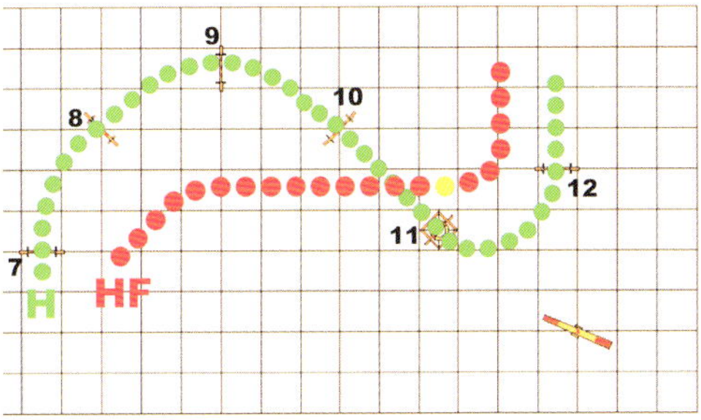

Parcours Nr. 109

PARCOURS NR. 110

Verleitung durch eine Hürde

Bei dieser Sequenz wird ganz deutlich, dass Sie Ihren Hund links führen müssen, um ihn vor der Verleitungshürde per Körpersprache nach rechts in den Tunnel zu ziehen. Wenn Sie links von den Hindernissen laufen und den Hund rechts führen, müssen Sie ihn in den Tunnel drücken. Er würde sich dann in erster Linie zu Ihrer Seite orientieren und wahrscheinlich die Verleitungshürde nehmen. Wenn Sie einen schnellen Hund führen, der vor Ihnen arbeitet, ist diese falsche Führung mit dem DIS vorprogrammiert.

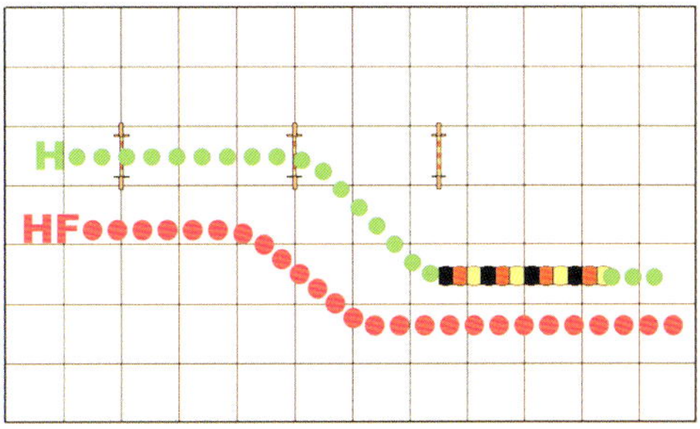

Parcours Nr. 110

Verleitung durch Hürde

PARCOURS NR. 111

Verleitung durch Flextunnel

Im Gegensatz zu der Verleitung durch die Hürde ist es hier notwendig, auf der linken Seite der Hindernisse zu laufen, um den Hund ohne Schwierigkeiten über die Hürden zu führen.

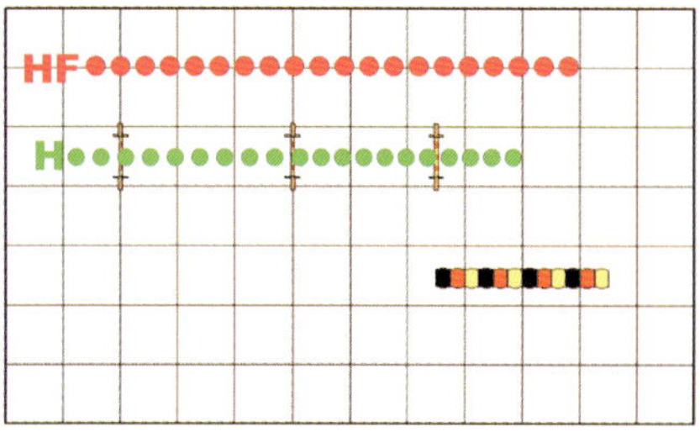

Parcours Nr. 111

PARCOURS NR. 112

Verleitung durch die Wand, rechter Tunneleingang

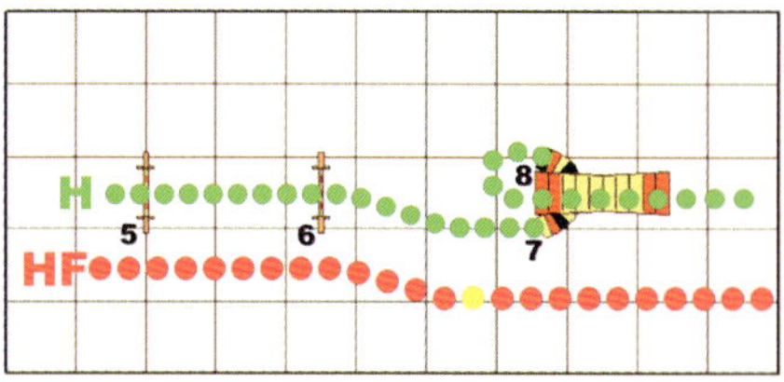

Parcours Nr. 112

Eine beliebte Verleitung ist der Flextunnel unter der Wand. Auch hier müssen Sie auf derjenigen Seite der Hindernisse laufen, auf der es in den Tunnel geht – in diesem Fall auf der rechten. Auf der Höhe des gelben Punktes schicken Sie Ihren Hund in den Tunnel und bleiben dort stehen. Bevor er aus dem Tunnel kommt, rufen Sie ihn an, damit er auf Sie zu läuft. Tut er das, geben Sie ihm das Kommando »Hoch« für die Wand und laufen parallel zur Wand nach vorn. Dabei recken Sie Ihren linken Arm nach oben zum Zeichen dafür, dass es hoch auf die Wand geht. Laufen Sie auf keinen Fall in Richtung A-Wand, sonst treiben Sie Ihren Hund wieder in den Tunnel.

Dies wird nicht auf Anhieb klappen, da Sie ihm erst einmal vermitteln müssen, was Sie von ihm wollen. Nach einigen Trainingseinheiten wird

Verleitung durch die Wand, linker Tunneleingang

er wissen, was er tun soll und die Wand ohne Probleme nehmen. Das Gleiche müssen Sie selbstverständlich auch auf der linken Seite üben.

PARCOURS NR. 113

Verleitung durch die Wand, linker Tunneleingang

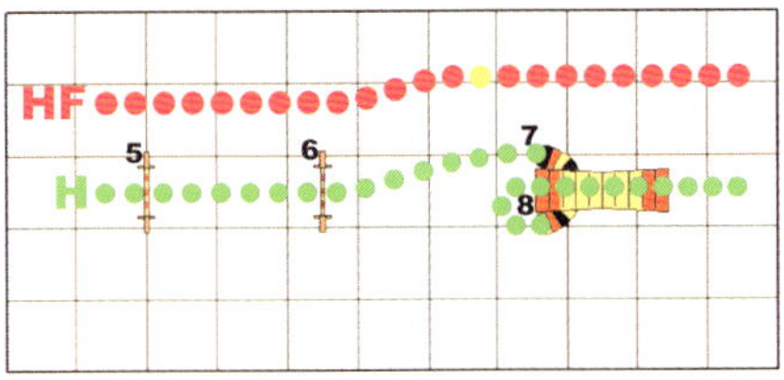

Parcours Nr. 113

PARCOURS NR. 114

Verleitung durch den Tunnel unter der Wand

In dieser Reihenfolge der Hindernisse laufen Sie gerade auf die Wand zu, je nach dem weiteren Verlauf der Sequenz entweder rechts oder links der Hindernisse. Geben Sie etwa am gelben Punkt das Hörzeichen »Hoch« und sehen Sie sich dabei auf keinen Fall nach dem Hund um, weil Sie sonst durch die kleine Kopfdrehung auch Ihren Oberkörper ein wenig in die Richtung des Tunneleingangs bewegen. Ihr Hund könnte dies missverstehen und in den Tunnel laufen. Bei dieser Übung ist der Trainer gefragt, der Ihren Lauf beobachten muss, um ihn eventuell zu korrigieren.

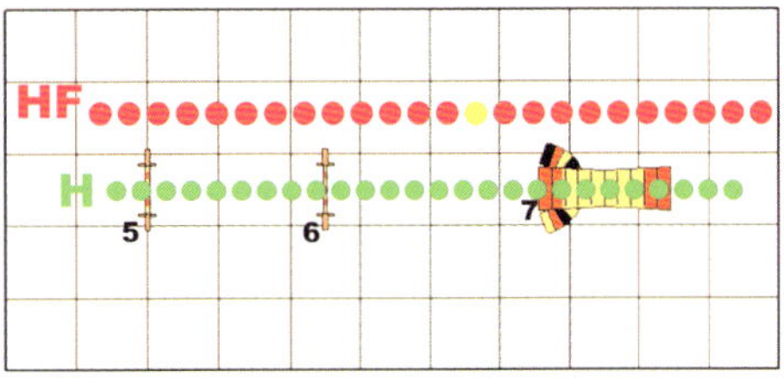

Parcours Nr. 114

Verleitung durch den Tunnel unter der Wand

Bei diesen drei Sequenzen wird wiederum sehr deutlich, wie wichtig die Parcoursbegehung ist. Stellen Sie daraus die entsprechenden Überlegungen an: Wo muss ich meinen Hund hinführen? Auf welcher Seite der Hindernisse laufe ich deshalb, damit er mir folgt? Welche Körpersprache und welche Hand- und Hörzeichen setze ich ein?

Nach einigen Trainingseinheiten werden Sie feststellen, wie sicher Sie Ihren Hund trotz der Verleitungen über die Hindernisse führen können, wenn Sie auf der richtigen Seite laufen. So manches Aha-Erlebnis ist Ihnen sicher!

Ähnliche Verleitungen werden in allen Variationen mit dem Flextunnel unter dem Steg gestellt.

PARCOURS NR. 115

Verleitung durch den Tunnel unter dem Steg

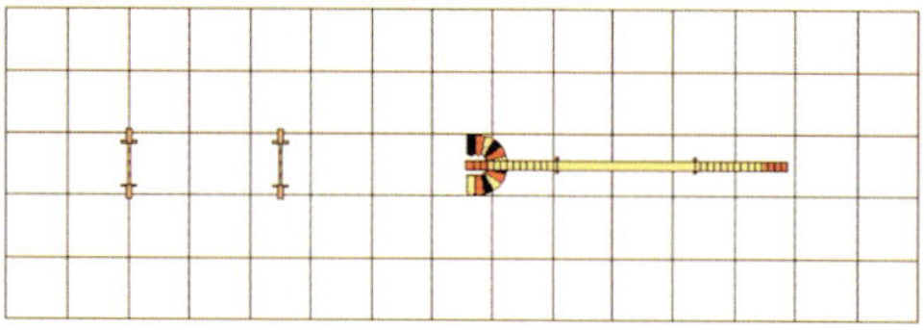

Parcours Nr. 115

PARCOURS NR. 116

Verleitung durch den Tunnel unter dem Stegabgang

In dieser Sequenz müssen Sie Ihrem Hund den richtigen Tunneleingang Nr. 10 zeigen, indem Sie die rechte Hand als Sperrhand zeigen (gelber Punkt). Danach stellen Sie sich vor den Stegabgang, um ihn zu blockieren, wechseln die Führseite und führen den Hund aus dem Tunnel zur Hürde Nr. 11. Die Verleitungen sind in diesem

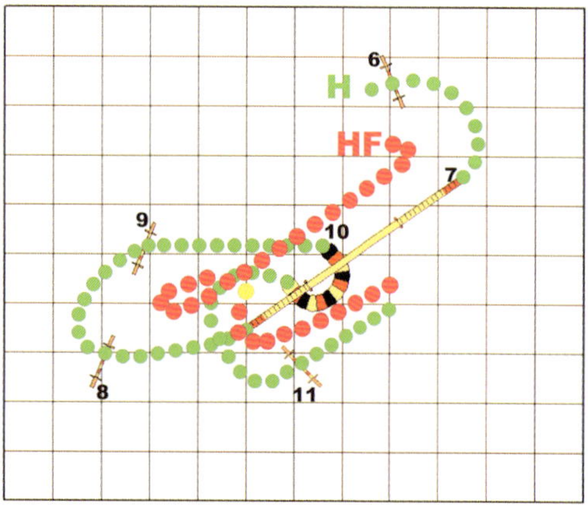

Parcours Nr. 116

Teil des Parcours nicht zu schwer zu meistern, wenn Sie schnell genug an den Problemstellen (Tunneleingang, Stegabgang) sind.

PARCOURS NR. 117

Verleitung durch den Tunnel am Stegaufgang

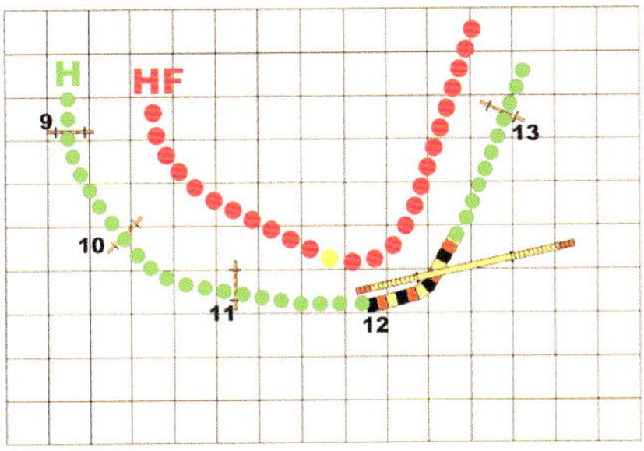

Parcours Nr. 117

Dies ist eine Situation, in der Sie Ihren Hund ausnahmsweise in den Tunnel drücken müssen (gelber Punkt). Bei den vorigen Sequenzen haben Sie ihn immer in den Tunnel ziehen können, da Sie auf der richtigen Seite laufen konnten. Hier ist das nicht möglich, weil Sie schnell zur Hürde Nr. 13 kommen müssen. Wenn Sie auf der rechten Seite des Steges laufen würden, kämen Sie sicherlich zu spät und Ihr Hund würde vor der Hürde drehen, weil er nicht wüsste, wie es weiter geht.

PARCOURS NR. 118

Verleitung durch den Tunnel am Steg

Bei diesem Parcours stehen Sie an Hürde Nr. 3 und rufen Ihren Hund ab. Danach führen Sie ihn links über Hürde 3 und in den Tunnel. Am gelben Punkt wechseln Sie die Führseite und können ihn dann über die Hürden 5 bis 7 leiten. Vor dem Tunneleingang bleiben Sie stehen, decken diesen ab und wechseln wiederum die Führhand. Mit der linken Hand führen Sie den Hund auf den Steg und weiter über Hürde Nr. 9. Die Schwierigkeit bei dieser Sequenz liegt eindeutig beim Tunneleingang Nr. 8. Hier müssen Sie unbedingt vorher wechseln, um den Hund auf Ihrer linken Seite weiterzuführen und um gleichzeitig den Tunneleingang abzudecken.

Sie können im Training versuchen, parallel von Hürde Nr. 7 zum Steg zu laufen, um den Hund vom Tunneleingang wegzuziehen und auf der linken Seite des Steges zu laufen. Bei einem Turnier wäre mir dies aber zu riskant!

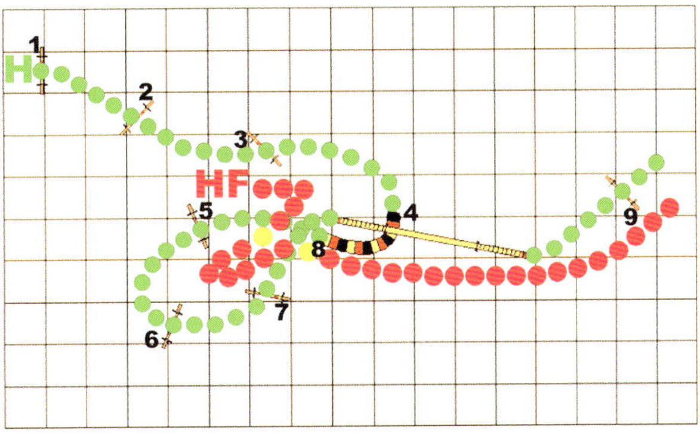

Parcours Nr. 118

PARCOURS NR. 119

Verleitung durch die Tunnel unter dem Steg

Hier ist eine gute Parcoursbegehung erforderlich. Durch einige Verleitungen, nicht nur durch die Tunnel, sondern auch durch die Anordnung der Hindernisse zueinander, ist eine genaue Analyse der Sequenz wichtig.

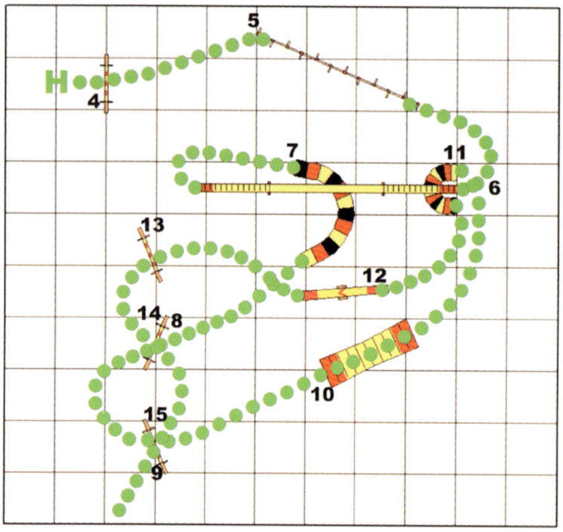

Parcours Nr. 119

Auf welcher Seite des Stegs laufe ich? Welche Körpersprache setzte ich ein? Wo muss ich meinen Hund über das Hindernis drücken? Wie schnell muss ich wo sein, damit der Hund nicht in das DIS läuft? Eine knifflige Sequenz, die es in sich hat!

PARCOURS NR. 120

Verleitung durch den Steg

Verleitungen werden auch durch die sehr enge Anordnung von Kontaktzonengeräten gestellt. Hier müssen Sie besonders Ihre Körpersprache richtig einsetzen, um einen flüssigen Lauf durchzuführen. An den gelben Punkten müssen Sie wechseln, um den Hund zu ziehen. Weitere Variationen, auch mit anderen Hindernissen, sollten in jedem Training geübt werden.

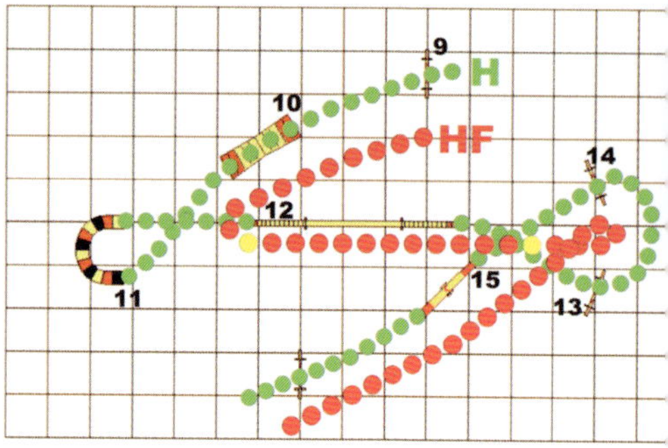

Parcours Nr. 120

PARCOURS NR. 121

Verleitung durch Tunnel und Hürde

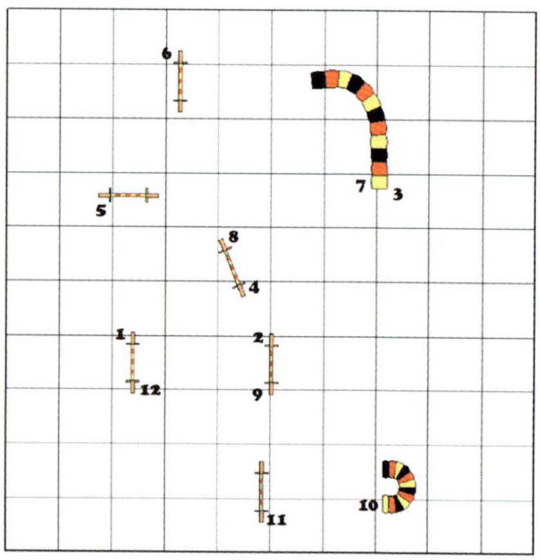

Parcours Nr. 121

Kapitel 8

Kontaktzonen – Training mit dem Clicker

In den acht Jahren seit der ersten Veröffentlichung dieses Buches hat sich der Agilitysport deutlich weiter entwickelt. Er ist noch schneller und athletischer geworden, was man besonders gut an den Kontaktzonen sieht. Diese werden heute von einigen Teams mit vollem Tempo durchlaufen (Running Contacts), wozu nicht jedes Team in der Lage ist.

Ich bevorzuge daher eine andere Trainingsmöglichkeit, bei der ich außerdem die volle Kontrolle über meinem Hund behalte und nach einer Kontaktzone locker noch einen Wechsel durchführen kann.

Deshalb stelle ich hier noch ein weiteres Kontaktzonentraining vor, das vom Prinzip wie das vorige aufgebaut ist. Es ist etwas aber etwas zeitaufwändiger, da Sie und Ihr Hund sich vorab mit dem Clicker vertraut machen müssen. Dafür können Sie ihn dann aber später für alle Möglichkeiten des weiteren Trainings einsetzen.

Sie müssen bei dieser Variante nicht das Timing für das »Bleib« Kommando beherrschen, um Ihren Hund genau in der Kontaktzone anzuhalten. Er soll selbstständig und schnell bis zur Zone laufen und dort verweilen, bis er das Auflösekommando von Ihnen bekommt. Das bedeutet, dass Sie dann zu Ihrem Hund auflaufen können, um ihn wieder unter Ihre Kontrolle zu bringen oder ihm auf Entfernung das Auflösekommando zurufen können.

Ich gehe davon aus, dass der Clicker bekannt und Ihr Hund entsprechend darauf konditioniert ist. Wenn dies nicht der Fall sein sollte, können Sie in Clickertrainingsbüchern, die es auf dem Markt gibt, das Konditionieren nachlesen und trainieren.

Bevor Sie dieses Training an Steg und Wand trainieren, müssen Sie Ihren Hund mit Hilfe des Clickers auf ein Bodentarget konditionieren.

Der Target (engl. Wort für »Ziel«) kann z. B. aus einem etwa DIN A4 großen Teppichbodenrest oder ähnlichem bestehen. Targettraining bedeutet, dass Ihr Hund etwas mit seiner Nase oder der Pfote berühren soll. Bei diesem Training erarbeitet sich Ihr Hund selbstständig das »Ziel« der Ausbildung. Sie sollten deshalb am Beginn des Clickertrainings nicht rufen oder unbewusste Körperhilfen geben! Eine Videokamera ist hierbei sicherlich sehr hilfreich.

Der Hund soll in diesem Training schnell zum Target laufen und darauf stehen bleiben. Wenn dies von Ihrem Hund gut ausgeführt wird, können Sie den Target für die weitere Zonenarbeit einsetzen.

Zuerst stehen aber die Übungen für den Bodentarget an.

Ein Trainingstagebuch ist hierbei hilfreich, um später z. B bei einzelnen Fortschritten nachzulesen, warum es so gut geklappt hat. Oder um Schwierigkeiten herauszufinden und diese Passagen noch einmal intensiv zu trainieren. Dies gilt nicht nur für das Clickertraining, sondern allgemein für alle Hundesportarten. Bevor Sie in das Training für den Target intensiv einsteigen, hier noch ein paar wichtige Grundregeln für das Clickertraining:

REGELN FÜR DAS CLICKERTRAINING

Lieber einen Übungsschritt 50 Mal wiederholen, als zu früh die Anforderung hoch zu setzen. Geduld haben!

Viele kleine Schritte führen ans Ziel. Diese Schritte sollten so schwierig wie möglich und so einfach wie nötig sein. Dabei hilft man so viel wie nötig, doch so wenig wie möglich. Die Übung immer vorab formulieren. Bei schlechter Laune nicht üben.

Auf das richtige Timing kommt es an. Man clickt während des gewünschten Verhaltens. Immer »clickbereit« sein. Erst clicken, dann das Leckerli aus der Tasche holen und dem Hund geben. Immer nur einmal clicken!

Nie den Hund mit dem Clicker zu sich rufen oder ihn damit auf sich aufmerksam machen.

Mit dem Startwort einige Leckerlis geben. Dem Hund signalisieren, dass das Training jetzt beginnt!

Das Ende des Trainings für den Hund positiv gestalten. Mit dem Endwort einige Leckerli geben. Alles, was danach vom Hund angeboten wird, konsequent ignorieren! Der Click beendet das Verhalten, die Belohnung kommt!

Wenn man clickt, bekommt der Hund immer sein Leckerli, auch, wenn man sich verclickt hat. Der Click ist ein Versprechen!

Das Signal (Vokabel, Kommando) kann ein Sicht-, Hör- oder Berührungszeichen sein. Das Signal sollte das gewünschte Verhalten zur Folge haben. Man baut es erst in die Übung ein, wenn man sicher ist, dass der Hund das gewünschte Verhalten verstanden hat.

Die Umgebung wird bei der Übung vom Hund mit abgespeichert. Deshalb sollte diese immer wieder gewechselt werden. Das Gleiche gilt für die eigene Position und für die des Hundes.

Kein Fortschritt? Dann ein bis zwei Schritte in der Übung zurück gehen, die Schritte etwas leichter machen oder noch mehr aufteilen.

TRAININGSBEGINN

Vor Beginn des Trainings muss Ihr Hund wissen, dass es jetzt mit der Übung losgeht und er wegen der Leckerchen aufmerksam sein sollte. Deshalb denken Sie sich ein Startwort wie z.B. »Los geht's, Training, Action« o. ä. aus und benutzen dies immer zu Beginn der Übungen. Gleichzeitig schenken Sie Ihrem Hund ein paar Leckerlis.

So wie Sie Ihren Hund »einschalten«, so müssen Sie ihm auch mitteilen, dass die Übung zu Ende ist. Sie denken sich ein »Endwort« aus, wie etwa »Ende, Schluss, lauf« o. ä. und rufen ihm das zu, wenn Sie die Übung beenden wollen. Gleichzeitig geben Sie ein entsprechendes Handzeichen und verschenken wieder ein paar Leckerchen. Sie stecken den Clicker weg und drehen sich vom Hund ab. Ihr Hund kann jetzt tun, wonach ihm ist.

Sagen Sie immer erst das Endwort und geben Sie dann zeitlich kurz versetzt (nach etwa einer Sekunde) das Handzeichen. Nicht beides zusammen!

LERNSCHRITTE FÜR DAS TARGETTRAINING

1.Das Ziel formulieren und notieren.
Der Hund soll schnell zu einem Target laufen und darauf stehen bleiben.

2. Verhalten einfangen, clicken.
Trainieren Sie im Übungsraum, im Garten, auf einer Wiese oder auf dem Hundeplatz, auf alle Fälle ohne große Ablenkung. Sie legen den Teppichbodenrest/Frisbeescheibe o. ä. etwa einen Meter vor sich auf den Boden. Der Hund ist neben Ihnen. Jetzt wird jedes Interesse, jeder Blick zum Target mit dem Click bestätigt und mit tollen, kleinen und weichen Leckerlis belohnt. Ihr Hund wird sehr bald begriffen haben, dass es sich lohnt, auf – noch besser – dorthin zu laufen. Das Leckerli bekommt er am Target. Wenn der Hund das mindestens 8- bis 10 Mal gut ausführt, können Sie zur nächsten Übung gehen.

3. Zeit ausdehnen
Ziel ist, dass Ihr Hund am Target stehen bleibt und nicht gleich wieder losrennt. Deshalb dehnen Sie die Zeit bis zum Click kontinuierlich aus. Wenn er dies mit Erfolg nach Ihren Vorstellungen macht, beenden Sie die Übung mit einer Handvoll Leckerlis (Jackpot).

4. Signalwort hinzufügen
Wichtig ist, dass Sie nie das Signal geben, bevor Ihr Hund dies nicht mit einer bestimmten Tätigkeit verknüpfen kann. Erst wenn dies gegeben ist, können Sie das Signalwort (z. B. Target,

Touch, Kontakt) hinzufügen. Das Signal wird während der Tätigkeit des Hundes gegeben. Dieser Schritt muss mehrmals trainiert werden, bis Sie damit zufrieden sind. Lieber öfter wiederholen, damit der Hund das Signal richtig verknüpft. Damit er auf dem

Target stehen bleibt, geben Sie zu Beginn der Übungen zusätzlich das »Bleib« Signal. Dies müssen Sie aber im Laufe des Trainings wieder abbauen!

Nach vielen Wiederholungen können Sie beginnen, das Signalwort vor der Ausführung zu geben. Wenn Sie erkennen, dass Ihr Hund zum Target gehen/laufen will, nutzen Sie diesen Moment aus und geben ihm das Signal mit einer entsprechenden Armbewegung. Dies können Sie hier einsetzen, da Sie den Target ja später für das Kontaktzonentraining nutzen wollen.

5. Umgebung verändern

Jetzt verlangen Sie konsequent die richtige Ausführung der Übung mit einmaligem Rufen des Signalwortes. Sprechen Sie das Wort immer so leise wie möglich aus, denn unsere Hunde hören sehr gut. Sie brauchen nicht zu brüllen! Sie üben im Haus, im Garten, beim Gassigehen, auf einer Wiese oder auf dem Übungsplatz. Ihr Hund soll dabei verknüpfen, dass das Signalwort mit der entsprechenden Ausführung überall gilt. Am Ende der Übung belohnen Sie Ihren Hund wieder mit ein paar Leckerlis.

6. Position des Hundes verändern

Ihren Hund in eine neue Position zu bringen, erhöht natürlich auch die Vielfalt der Umgebung. Sie üben das zunächst z. B. in Ihrem Übungsraum oder in Ihrem Garten, auf alle Fälle ohne Ablenkung.

Stellen Sie sich in unterschiedlichen Winkeln zum Target auf, sodass der Hund dieses auch aus unterschiedlichen Winkeln anläuft. Hierbei sollte er auf der rechten wie auf der linken Seite von Ihnen zum Target starten. Es sollte ihm letztendlich egal sein, wo Sie stehen, er sollte nur den Target »im Kopf« haben.

Wenn dies gut ausgeführt wird, kommen wie immer der Click und die Belohnung!

7. Entfernung vergrößern

Ihr Hund lernt bei dieser Übung, dass Signale nicht nur in Ihrer Nähe, sondern auch in der Entfernung zu Ihnen befolgt werden müssen. Hilfreich ist bei dieser Übung entweder eine zweite Person, die Ihren Hund festhält oder wenn Ihr Hund sitzen, liegen oder stehen bleiben kann. Sie entfernen sich zwei bis drei Schritte von ihm hin zum Target. Sie geben ihm das Signalwort in Verbindung mit der Armbewegung. Ihr Hund sollte schnell zum Target rennen und dort stehen bleiben.

Das Gleiche wiederholen Sie mit vier, fünf, sechs Schritten usw. Je weiter Sie fortgehen können, umso besser. Die Entfernung sollte mindestens 12 Meter betragen (so lang ist etwa der Steg). Denn Sie könnten einmal in die Verlegenheit kommen, bei einem Turnier Ihren Hund über den Steg zu schicken, ohne dass Sie nebenher mitlaufen können. Er sollte deshalb lernen, selbstständig zu arbeiten.

Wenn Ihr Hund mit einer Position

Schwierigkeiten bei der Ausführung hat, gehen Sie ein oder zwei Schritte zurück zu der Position, die von ihm gut ausgeführt wurde. Setzen Sie hier neu mit dem Training an.

8. Ablenkung einbauen

Da Sie später eventuell Agilityturniere mit Ihrem Hund laufen wollen, müssen Sie mit ihm das Training unter Ablenkung üben. Denn gerade auf den Turnieren herrscht eine große Ablen-

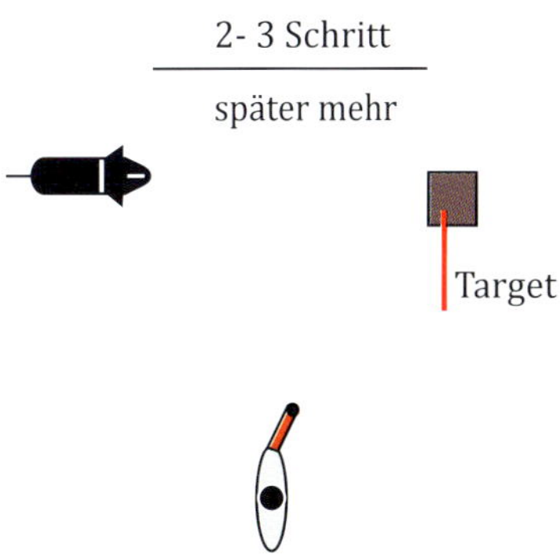

kung für unsere Vierbeiner mit vielen anderen Hunden und viel Trubel. Bitten Sie z. B Freunde und Bekannte, sich in Ihrem Garten, auf der Wiese oder auf dem Hundeplatz ruhig aufzustellen, während Sie üben. Hiernach sollen sich die Personen erst langsam, danach schnell bewegen.

Spielende Kinder und Hunde sorgen immer für große Ablenkung. Seien Sie aber hierbei immer vorsichtig und beobachten Sie Kinder und Hunde sorgfältig, damit nichts passiert.

Auf dem Hundeplatz bzw. beim Gassigehen sind andere Hunde immer eine willkommene Ablenkung. Bitten Sie die Hundeführer, mit ihren Hunden an Ihnen im notwendigen Abstand vorbei zu gehen, während Sie üben. Auch hierbei vorsichtig sein!

Kommt es zu Situationen, die Sie schwer kontrollieren können, brechen Sie die Übung ab. Die Sicherheit geht bei allen Übungen immer vor. Deshalb müssen Sie Ihren Hund immer aufmerksam beobachten, um rechtzeitig eingreifen zu können.

Wenn Ihr Hund diese Übung gut ausführt und sich nicht ablenken lässt, gibt es eine große Belohnung, einen Jackpot!

9. Ende der Übung

Wenn Ihr Hund die Übungen nachdem intensiven Training ohne Schwierigkeiten erfolgreich absolviert hat, beenden Sie das Training mit dem Endwort.

Sie haben Ihren Hund um etwas gebeten, er hat es erfolgreich getan. Dann ist es auch fair, ihm zu sagen, dass jetzt Schluss ist und er aufhören kann. Schenken Sie ihm einige Leckerli zur Belohnung. Nach dem Endwort darf er tun, wonach ihm gerade ist!

10. Variabel belohnen

Nachdem Sie alle Lernschritte mit Ihrem Hund trainiert haben, können Sie den Clicker langsam abbauen. Das Ziel ist es, das Trainierte auch ohne Clicker abrufen zu können. Bei einem Agilityturnier ist es nicht erlaubt,

Clicker, Leckerli oder Spielzeug während des Laufs einzusetzen.

Sie können Ihren Hund jetzt verbal belohnen, in Maßen eventuell mit einem Spielzeug oder mit einer Streicheleinheit.

Sie können aber nicht für immer mit dem Clicken und dem Belohnen aufhören, da sonst Ihr Hund das Gelernte sehr schnell wieder vergisst. Das ist wie bei uns Menschen mit den Vokabeln lernen einer fremden Sprache.

Zwischendurch sollten Sie deshalb immer wieder den Clicker mit den entsprechenden Leckerchen einsetzen, damit Ihr Hund nicht verunsichert wird und möglicherweise denkt, dass es sich nicht mehr lohnt, die Übungen richtig oder gar nicht auszuführen.

Wenn Sie merken, dass der Hund bei der Unterscheidung der einzelnen Lernschritte und der verschiedenen Signale noch Schwierigkeiten hat, gehen Sie einen oder mehrere Schritte in der Ausbildung zurück.

Mehr als fünf Lernschritte hintereinander zu üben, bedeutet für Ihren Hund Höchstleistung. Deshalb lieber weniger Lernschritte, dafür aber öfter!

Denken Sie bitte auch an die notwendigen Pausen zwischen den einzelnen Lernschritten, damit sich der Hund regenerieren und das Erlernte erst einmal verarbeiten kann.

UMSETZUNG AN DER KONTAKTZONE

Sie haben mit Ihrem Hund die Pflicht geübt, jetzt kommt die Kür: Sie können nun das Gelernte an den Kontaktzonen umsetzen!

Es ist hilfreich, wenn der Steg beim Training tiefer gestellt werden kann.

Legen Sie das Target an das Ende des Stegabgangs. Es liegt halb in der waagerechten und halb auf dem Steg.

Sie heben und stellen Ihren Hund ungefähr auf die Mitte des Stegabgangs in Richtung Target und geben ihm sein Hörzeichen (»Touch«, »Target«, »Kontakt« o.ä.)

Er sollte jetzt schnell zum Target laufen und dort stehen bleiben, am besten in der 2/2 Position, d. h. die Vorderpfoten in der Waagerechten auf dem Boden und die Hinterpfoten noch auf dem Steg. In dieser Halteposition wird Ihnen kein Richter einen Fehler anzeigen.

Wenn Ihr Hund dies gut ausführt, gibt es den Click und die Belohnung. Zeigen Sie Ihrem Hund, dass Sie mit seiner Leistung ganz toll zufrieden sind. Loben Sie ihn, streicheln Sie ihn, veranstalten Sie ganz großes Kino! Er muss durch Ihr überschwängliches Loben immer zum Target (Zone) wollen, er muss sich dort wohlfühlen.

Wiederholen Sie auch dieses Training wieder mindestens zehn Mal fehlerfrei. Laufen Sie jetzt mit, links wie rechts. Laufen Sie einige Meter über das Ende des Stegs hinaus, bleiben stehen und rufen dann Ihren Hund mit seinem Namen ab.

Machen Sie am Ende des Stegs belgische und französische Wechsel, um Ihren Hund schon an diese Dinge zu gewöhnen. Bleiben Sie beim Laufen hinter Ihrem Hund, schicken Sie ihn, ohne mitzulaufen. Üben Sie letztendlich alle Situationen, die evtl. im Parcours an den Kontaktzonen vorkommen können.

Ihr Hund sollte bei allen Übungen immer auf dem Target stehen bleiben. Sie geben den Hörlaut zum Weiterlaufen. Wenn dies zu Ihrer Zufriedenheit durchgeführt wird, können Sie zum nächsten Lernschritt gehen.

Jetzt heben sie den Hund an den Scheitelpunkt der Abgangsplanke, fast in die Waagerechte, und üben das Gleiche wie zuvor. Wiederholen Sie auch dieses mehrere Male.

Bei den nächsten Lernschritten stellen Sie den Hund auf die waagerechte Planke, in die Mitte und an den Scheitelpunkt am Aufgang und üben wieder alle Möglichkeiten.

Jetzt stellen Sie den Hund auf die Mitte des Aufgangs und trainieren wie zuvor. Danach stellen Sie ihn an den Anfang der Zone.

Falls es hierbei zu Problemen kommen sollte, können Sie natürlich die Abstände verringern bzw. ein oder zwei Übungsschritte zurückgehen.

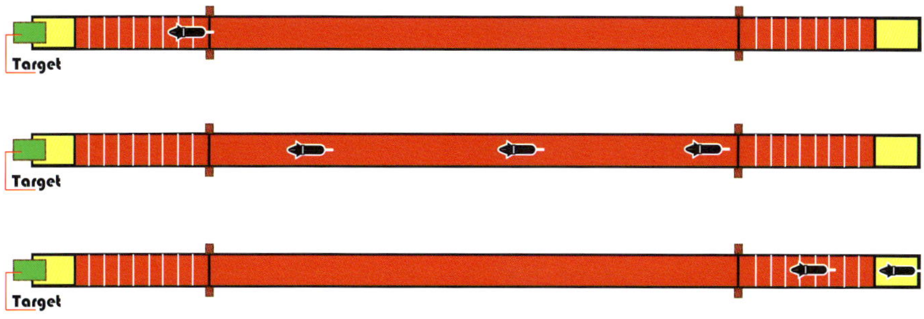

Zum Schluss stellen Sie jeweils eine Hürde in 5 – 7 Metern Entfernung am Auf- und Abgang auf und trainieren mit Ihrem Hund den gesamten Steg mit den Hürden und dem Weiterlaufen am Ende. Hierbei sollte der Aufgang an der Zone genau beobachtet werden. Falls es dabei zu Fehlern kommt, müssen Sie den Target auch hier einsetzen, um dem Hund klarzumachen, dass er die Aufgangszone mit mindestens einer Pfote berühren muss.

Wenn die Trainingsarbeit am Steg erfolgreich war, können Sie den Target auch für die Wand und die Wippe einsetzen. Der Vorteil bei der Wippe ist: Das Target rollt nicht fort, wie ein Leckerli, sondern bleibt am Abgang liegen.

Denken Sie bei allen Trainingseinheiten an den Clicker und an die Belohnung!

Kapitel 9

Slalomtraining mit dem Clicker

Bei einem Slalomtraining, das ich einmal im Internet sah, war ich erstaunt über die Sicherheit, mit der die Hunde die Slalomeingänge aus allen möglichen und unmöglichen Winkeln selbständig fanden, nicht auf Verleitungen

reagierten und mit welch hoher Geschwindigkeit der Slalom absolviert wurde. Das ließ mir keine Ruhe und ich ließ mir von einem befreundeten Metallbauer sechs Einzelelemente aus Alu für den Slalom bauen, um damit in meiner Trainingsgruppe zu trainieren.

Bei diesem Training ist es notwendig, dass das Team den Clicker beherrscht!

Zusätzlich sind einige Grundvoraussetzungen notwendig, um das Training durchzuführen:

- Sie üben mit Ihrem Hund sorgfältig und konsequent.
- Sie üben nur kurze Trainingseinheiten, dafür aber öfter.
- Sie clicken Ihren Hund, wenn er richtig läuft und belohnen ihn nur in gerader Linie. Sie werfen

Spielzeug und Leckerli nur nach vorne heraus und halten dies strikt ein Das ermutigt den Hund, sich immer schnell und nur vorwärts zu bewegen. Es geht immer nur nach vorn!

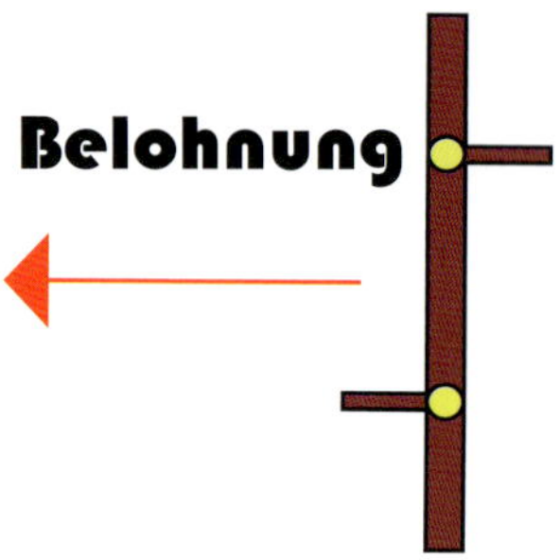

- Sie erlauben Ihrem Hund, eigene Entscheidungen zu treffen. Er soll im Training Handlungen anbieten, die Sie dann anclicken und belohnen können. Sie widerstehen der Versuchung, ihm in der Anfangsphase durch Ihre Körpersprache bzw. durch Hörlaute zu helfen.
- Sie lassen den Slalom nicht unbeaufsichtigt, Sie lassen Ihren Hund nie vor und zurück durch die Stangen laufen. Sie achten immer auf Ihren Hund.
- Sie üben alle Winkel am Slalomeingang, Sie fordern Ihren Hund. Auch wenn es verlockend ist, den geraden Eingang wieder zu trainieren, wenn Ihr Hund mehrmals an den Winkeln gescheitert ist. Ihr Hund lernt dadurch nicht, sich selbstständig die Eingänge zu suchen. Er muss selbst herausfinden, woran er gescheitert ist. Sie geben auf keinen Fall auf! Sie erlauben Ihrem Hund, Fehler zu machen!

Falls der Hund am Anfang des Trainings einen Fehler macht (2 Stangen Set), sagen Sie nichts. Rufen Sie ihn zurück und beginnen erneut! Wenn er bei vier oder mehr Stangen im Training angekommen ist und jetzt einen Fehler begeht, rufen Sie nicht »nein«. Denken Sie sich einen Hörlaut aus, der keinen Bezug zum Slalom und zum Training hat, z. B. »falsch, Fehler« oder Ähnliches. Beginnen Sie erneut. Eventuell müssen Sie ein oder zwei Übungsschritte zurückgehen.

Üben Sie klar und präzise und seien Sie auch klar und präzise in Ihren Reaktionen. Nur so helfen Sie dem Hund, schneller zu verstehen. Sie lassen Ihrem Hund den notwendigen Platz, damit er sich im Slalom bewegen kann, Sie bedrängen ihn nicht!

Sie motivieren Ihren Hund nach einem Fehler, wieder mit Schwung neu zu beginnen. Sie begeistern ihn für das Training. Ein Zerrspiel zwischendurch wirkt Wunder.

Sie gönnen Ihrem Hund zwischendurch eine Pause, um das Gelernte zu verarbeiten.

Sie verändern bei den Trainingsschritten Ihre Körpersprache. Sie bleiben stehen, Sie drehen sich, Sie laufen auf gleicher Höhe mit, Sie laufen voraus, Sie laufen hinterher während der Hund durch den Slalom läuft.

Sie sehen, Slalomtraining ist sehr aufwändig und zeitintensiv. Aber es lohnt sich, diese Zeit zu investieren, damit Ihr Hund auf alle Eventualitäten für den Slalom vorbereitet ist und diesen schnell und fehlerfrei mit Freude durchläuft und Sie auch Freude an Ihrem Hund haben.

Jetzt geht's aber los! Nach diesen vielen trocknen Erläuterungen kommt die Praxis.

Vorbemerkung:

Sie stellen die ersten beiden Stangen (Set) möglichst in einem ablenkungsfreien Raum und auf festem Untergrund auf. Hunde ohne Clickererfahrung sollten zu Beginn an der Leine geführt werden. Sie benutzen ganz tolle, kleine und weiche Leckerlis. Sie belohnen am Beginn nur klare Rückmeldungen von Ihrem Hund, z. B. Stangen anschauen, auf das Set zulaufen usw.

1. DAS ERSTE SET

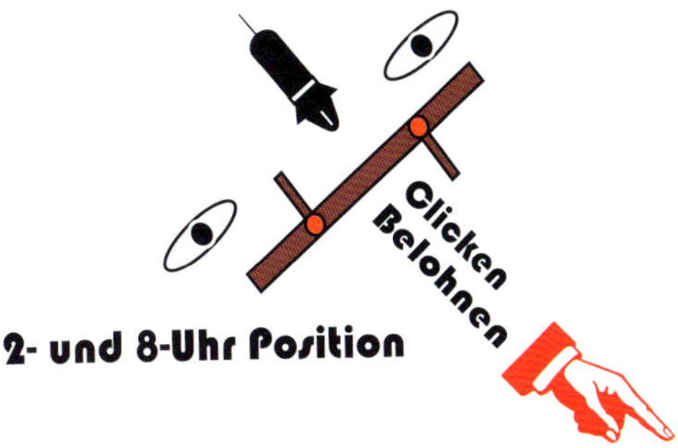

Ihre Aufgabe:
Sie üben auf festem Untergrund (Platten, Asphalt usw.).

Sie stellen das erste Stangenset korrekt auf die 2- und 8- Uhr-Position.

Sie stehen still neben den Stangen und lassen Ihren Hund gewähren. Sie geben keine Hilfe durch Ihre Körpersprache oder durch Ihre Stimme. Ihr Hund soll die Entscheidung selbst treffen, um an die Belohnung zu kommen.

1.1 Sie treten ein wenig von den Stangen zurück und warten auf die Reaktion des Hundes. Erlauben Sie ihm nachzudenken. Er wird auf die Stangen zulaufen bzw. durch diese hindurch laufen (clicken und belohnen). Wenn er verknüpft hat, dass es dafür tolle Leckerlis gibt, wird er Ihnen dieses mehrere Male anzubieten versuchen.

1.2 Üben Sie allmählich den Slalomeingang aus allen Winkeln. Gehen Sie hierbei nicht so schnell vor. Lieber einen Winkel mehrere Male üben, bis Ihr Hund dies verknüpft hat, als zu schnell vorzugehen und dadurch Fehler einzuhandeln, die schlecht abzustellen sind. Wenn Ihr Hund einen falschen Eingang wählt, erlauben Sie ihm nicht, weiterzulaufen.

1.3 Trainieren Sie zu Beginn und bei jeder Trainingseinheit nur die spitzen Winkel in dem Winkelbogen. Dies ist ein kleines Segment, sodass es für Ihren Hund leichter zu verstehen ist.

Mit dem Erfolg wird das Segment nach und nach erweitert, sodass die Winkel bis hinter die Stangen reichen.

1.4 Üben Sie die Winkel sowohl von der rechten als auch von der linken Seite!

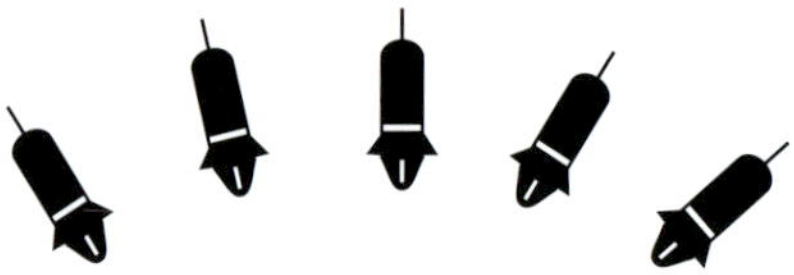

Spitze Winkel

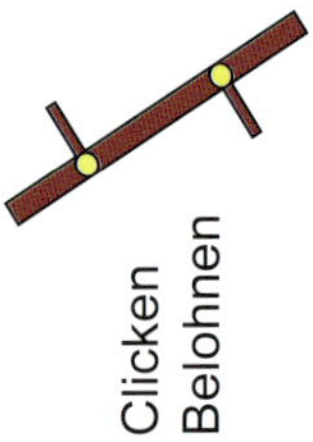

2. WINKELARBEIT

Ihre Aufgabe:
Falls Sie noch Leckerlis für die Motivation benötigen, üben Sie so lange noch auf festem Untergrund. Trainieren Sie anschließend auf Gras, damit der Hund Geschwindigkeit aufnehmen kann.

Suchen Sie sich eine Markierung für Ihre Belohnungslinie (ein Baum, Strauch, Pylone weiter weg, o. Ä.). Werfen Sie als Belohnung z. B. das Lieblingsspielzeug Ihres Hundes. Dies nehmen Sie nur noch zum Üben mit und werfen es ganz dicht über den Boden aus dem Unterarm heraus. Halten Sie die Belohnungslinie exakt ein.

Vergessen Sie nicht, bei korrekter Arbeit zu clicken und zu belohnen!

2.1 Arbeiten Sie weiterhin an den Winkeln wie vor.

2.2 Um Ihren Hund abzulenken bleiben Sie manches Mal stehen oder rennen manches Mal mit, links wie rechts.

3. HINZUFÜGEN EINES ZWEITEN SETS

Ihre Aufgabe
Sie beginnen dort, wo Sie in der vorigen Trainingseinheit aufgehört haben.

Sie achten wieder auf Ihre Belohnungslinie und arbeiten mit Ihrem Hund sämtliche Winkel ab. Sie verändern weiterhin Ihre Körperposition.

3.1 Wenn Ihr Hund den Slalomeingang aus allen Winkeln selbstständig findet, fügen Sie ein zweites Stangenset hinzu. Stellen Sie beide Sets korrekt in die 2- und 8- Uhr Position.

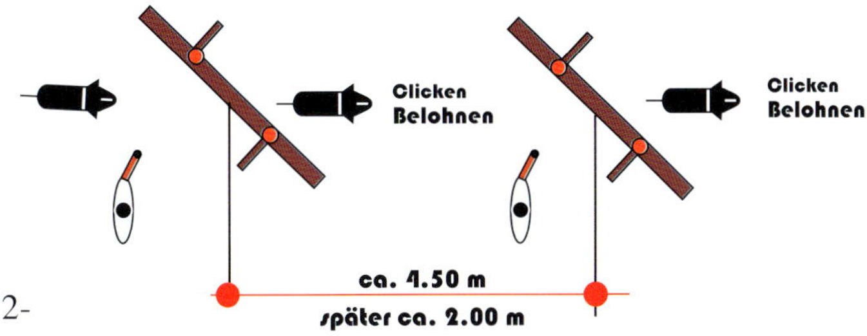

3.2 Stellen Sie das zweite Set ca. 4.50 m vor das erste Set, für einen kleinen Hund ca. 3.70 m.

3.3 Starten Sie zuerst im »spitzen Winkelbereich« und belohnen zwischen den beiden Stangensets. Danach am Ende des zweiten Sets. Ihr Hund soll verknüpfen, dass er beide Sets korrekt durchlaufen muss, um an das Leckerli zu kommen.

3.4 Bringen Sie die beiden Sets allmählich näher zusammen, stellen Sie das zweite Set etwa zwei Meter vor das erste Set

4. ZWEI SETS

Ihre Aufgabe:
Stellen Sie die Stangen wie zuletzt an einem neuen Ort auf. Belohnen Sie jetzt nur noch ab und zu (vielleicht jede 5. oder 6. Wiederholung) nach dem ersten Set.

Fügen Sie jetzt einen Hörlaut ein (z. B.«vor«, »go« o. ä.), um Ihren Hund auch aus größerer Entfernung zu den Stangen zu schicken.

Schicken Sie ihn, rechts wie links geführt, zu dem Slalom und üben die verschiedenen Winkel.

Nachdem Ihr Hund beide Sets zu Ihrer Zufriedenheit korrekt durchläuft, belohnen Sie nur noch am Ende des zweiten Sets. Nicht nur mit Leckerchen, sondern auch mit dem Lieblingsspielzeug Ihres Hundes (Zerrspiel).

4.1 Stellen Sie die beiden Sets näher aneinander mit etwa 1,5 Metern Abstand und drehen sie allmählich und korrekt auf die 1- und 7- Uhr Position.

4.2 Trainieren Sie wieder sämtliche Winkel und Eingänge und achten auf die Belohnungslinie. Vergessen Sie nicht zu clicken!

4.3 Wenn Ihr Hund alle Winkel und die Eingänge ohne Fehler gut läuft, stellen Sie die beiden Sets allmählich in eine gerade Linie. Der Hund sollte das Schlängeln um die Stangen selbstständig finden.

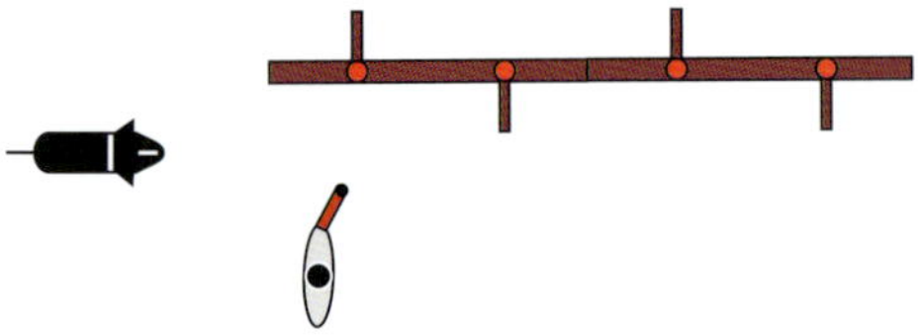

Bewegen Sie die beiden Sets aufeinander zu, bis sie »Turnierabstand« haben. Benutzen Sie noch keinen Hörlaut für den Slalom, da das Verständnis dafür bei Ihrem Hund noch nicht gefestigt ist! Sie clicken und belohnen jedes Mal nach einem erfolgreichen Lauf.

4.4 Trainieren Sie das Vorherige an verschiedenen Orten, um das Gelernte zu generalisieren. Ihr Hund soll verstehen, dass er den Slalom an jedem Ort (z. B. Turniere) durchführen muss. Sie machen die Aufgabe nicht schwerer, denn Sie üben an einem neuen, für ihn fremden Ort. Sie sind geduldig und erlauben Ihrem Hund, Fehler zu machen!

4.5 Laufen Sie rechts und links mit. Ändern Sie nicht die Position der Sets, falls der Hund einen Fehler macht. Zur Unterstützung und um es für ihn leichter zu machen, stellen Sie sich in der Mitte der beiden Sets auf.

5. HINZUFÜGEN EINES WEITEREN SETS UND EINES SPRUNGS

Ihre Aufgabe:
Sie fügen einen Sprung und ein weiteres Set hinzu.

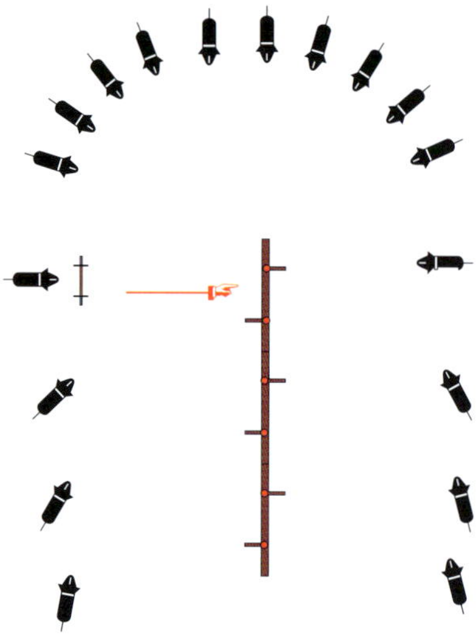

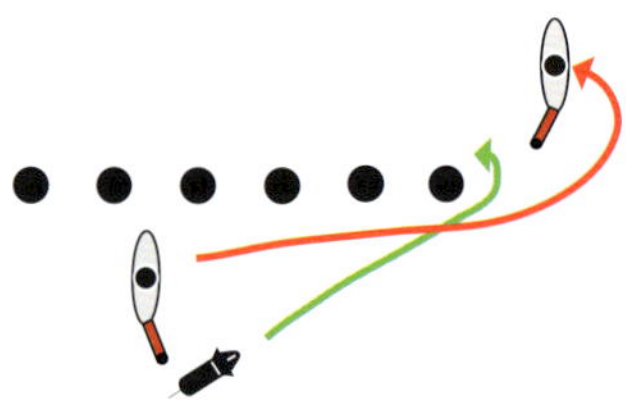

5.1 Trainieren Sie für das Dreierset die verschiedenen Winkel, indem Sie den Sprung jeweils neu aufstellen.

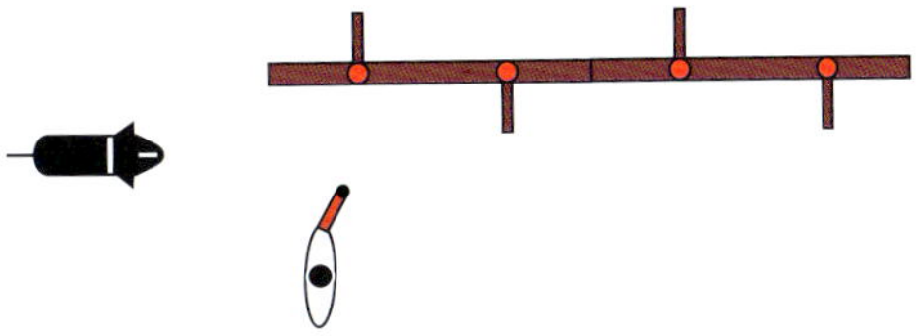

5.2 Wechseln Sie hinter Ihrem Hund, aber vor dem Slalom. Er soll verknüpfen, dass er auch hierbei den Eingang finden muss, egal wo Sie sich befinden bzw. laufen.

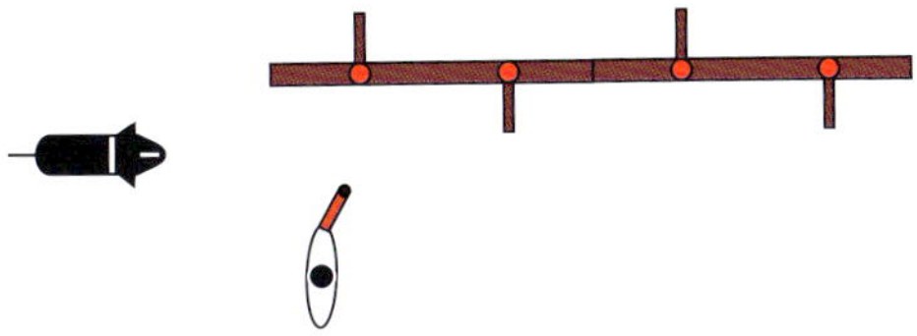

5.3 Stellen Sie das dritte Set entweder vor oder hinter die vorigen Sets in die 1- und 7- Uhr-Position.

5.4 Sie können auch alle drei Sets in die 1- und 7-Uhr Position bringen, damit Ihr Hund mit vollem Tempo durchlaufen kann. Stellen Sie dies aber nur für ein paar Wiederholungen und schließen Sie sie wieder zu einer geraden Linie.

5.5 Üben Sie auch hierbei wieder mit einem Sprung und mit sämtlichen Winkeln.

6. ZWEI SETS MIT JEWEILS SECHS STANGEN

Ihre Aufgabe:
Sie fügen das zweite Set mit sechs Stangen hinzu.

6.1 Trainieren Sie erst wieder ein paar einfache Durchläufe, sodass Ihr Hund seinen Rhythmus im Slalom findet.

6.2 Beobachten Sie Ihren Hund. Wenn er mit einzelnen Schritten durch den Slalom läuft, ist dies ein Zeichen dafür, dass er den Sinn des Slaloms verstanden hat und sich mit dieser schnellen Methode wohl fühlt.

6.3 Trainieren Sie das zweite Set mit sechs Stangen, wenn der Hund das erste Set mit Erfolg und zu Ihrer Zufriedenheit durchläuft. Die beiden Sets sind etwa vier Meter voneinander entfernt.

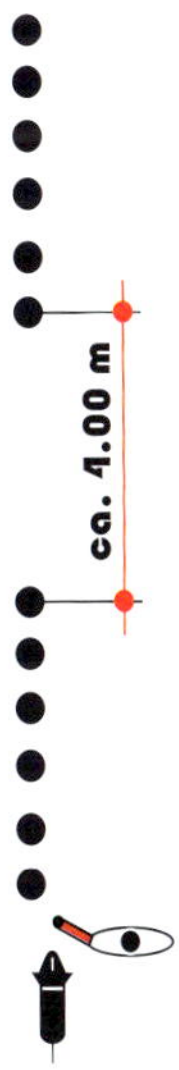

6.4 Beginnen Sie am zweiten Set, um Ihrem Hund die notwendige Sicherheit zu geben. Click und Leckerli.

6.5 Wenn dies gut ausgeführt wird, beginnen Sie am ersten Set. Sie stellen sich zwischen die beiden Sets. Clicken und belohnen Sie nach dem korrekten Durchlauf des ersten Sets. Danach schicken Sie Ihren Hund durch das zweite Set und clicken-belohnen wieder wie vor.

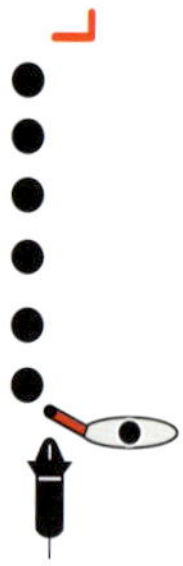

6.6 Wenn Sie nach dem ersten Set Ihren Hund belohnen, unterbrechen Sie seinen Lauf. Wenn Sie aber beobachten, dass Ihr Hund auch in das zweite Set laufen möchte, clicken und belohnen Sie ihn erst am Ende des zweiten Sets. Sie können ihn dabei mit Ihrer Körpersprache und mit dem Hörlaut »vor«, »weiter« o.ä. zwischen den beiden Sets unterstützen. Diese Aufgabe wiederholen Sie mehrere Male sowohl auf der rechten als auch auf der linken Seite.

6.7 Stellen Sie die beiden Sets jetzt in einem Abstand von etwa zwei Metern näher zusammen.

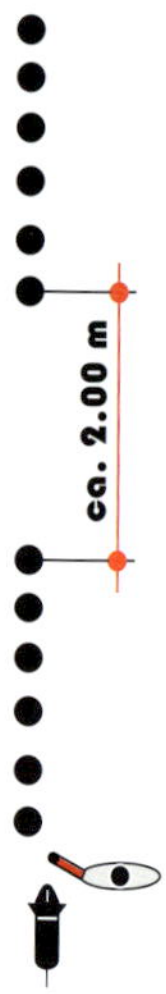

6.8 Trainieren Sie zu Beginn wieder einfache Eingänge, um Ihrem Hund die Sicherheit zu geben. Danach üben Sie schwere Eingänge, sprich alle Winkel wie vor.

7. VOLLSTÄNDIGER SLALOM

Ihre Aufgabe:
Sie verändern die Gewohnheiten und fügen beide Sets zusammen.

7.1 Ändern Sie den Trainingsort.

7.2 Üben Sie das zweite Set und clicken und belohnen, üben Sie das erste Set und clicken und belohnen Ihren Hund.

7.3 Üben Sie beide Sets wie vor und clicken und belohnen.

7.4 Falls der Hund im ersten Set einen Fehler macht,

halten Sie ihn an und wiederholen das erste Set. Clicken und belohnen Sie ihn, wenn er korrekt gelaufen ist.

7.5 Wenn etwa 3/4 aller Durchläufe durch beide Sets erfolgreich waren, fügen Sie diese zusammen, sodass Sie einen vollständigen Slalom mit 12 Stangen haben.

7.6 Üben Sie wieder die verschiedenen Winkel einschließlich Sprung, sonst wie vor, am Beginn nicht zu schwer.

8. PROVOKATION UND VERSTÄNDNIS

Ihre Aufgabe:
Sie trainieren die Geschwindigkeit und das Verständnis Ihres Hundes für den Slalom. Er sollte bei allen Übungen im Slalom bleiben, egal welche Anforderungen Sie an ihn stellen. Er sollte den Slalom als ein Gesamthindernis verstehen.

8.1 Sie stellen einen Sprung so auf, dass Ihr Hund einen scharfen Richtungswechsel ausführen muss, wenn er den Slalomeingang ansteuert. Zusätzlich ist es für ihn eine Verleitung, in die falsche Seite des Slaloms hineinzulaufen.

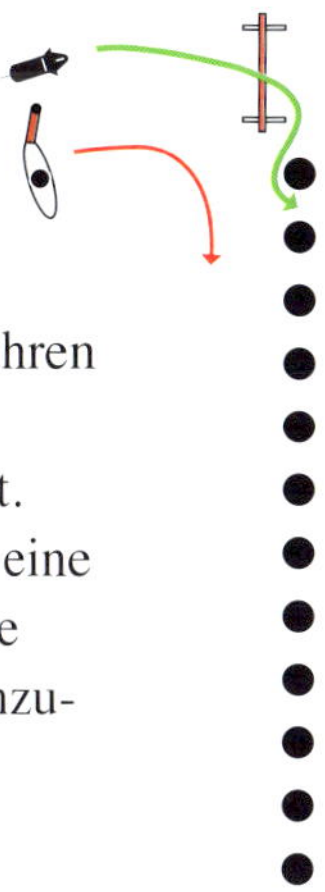

8.2 Stellen Sie den Slalom einschließlich Sprung so auf, dass der Hund auch durch Ihre Körpersprache provoziert wird, in das zweite oder dritte »Tor« zu laufen.

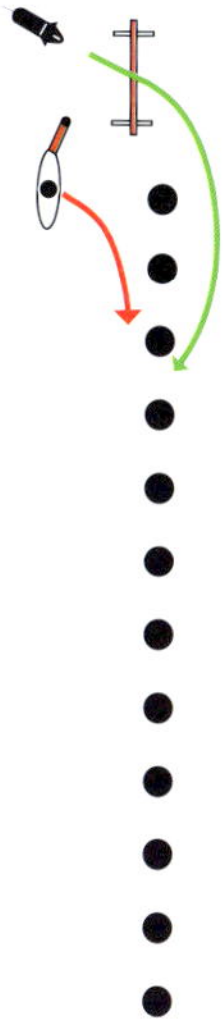

8.3 Bleiben Sie stehen, wenn er im ersten Tor ist und unterstützen ihn nur noch, indem Sie mit Ihrem vorgestreckten Arm die Richtung weisen und zusätzlich durch einen Hörlaut, z. B. »Brrrrr« oder Klatschen. Dadurch geben Sie ihm die Sicherheit, dass er richtig läuft.

8.4 Rennen Sie so schnell Sie können, rechts wie links, am Slalom vorbei nach vorne.

8.5 Rennen Sie am Slalomeingang vorbei, bevor Ihr Hund in diesen läuft. Rennen Sie bis zu zehn Metern voraus, hinter den Slalomausgang.

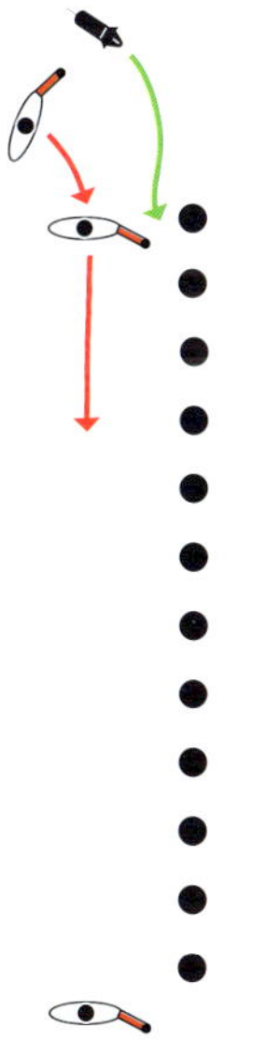

8.6 Wechseln Sie am Slalomeingang die Führseite, um Ihren Hund ein wenig zu irritieren. Wenn Ihr Hund einen Fehler begeht, rufen Sie ihn zu sich und beginnen ganz ruhig ohne Belohnung wieder von vorn!

Kurz gesagt: Sie lenken ihn ab und provozieren ihn, nicht korrekt in den Slalom zu laufen.

9. ABLENKUNG

Ihre Aufgabe:
Steigern Sie die Ablenkungen für Ihren Hund. Fokussieren Sie ihn weiterhin für das Verständnis des Slaloms. Bei dieser Übung ist es möglich, dass der Hund viele Fehler macht oder zwischen den Stangen langsamer wird. Er soll bei dieser Übung lernen, dass er im Slalom bleiben muss. Wenn er dies verknüpft hat, wird er auch wieder schneller laufen.

9.1 Stellen Sie sechs Stangen in gerader Linie auf und schicken ihn wie vor durch den Slalom. Bei fehlerfreiem Durchlaufen clicken und belohnen Sie ihn.

9.2 Sorgen Sie beim nächsten Lauf für Ablenkung, indem Sie neben ihm herlaufen und mit einem Spielzeug quietschen und mit diesem herumwedeln. Schaffen Sie starke Ablenkung, machen Sie sich zum »Affen«, provozieren Sie fortlaufend!

9.3 Falls der Hund weiterhin Fehler beim Slalomeingang macht, stellen Sie das erste Set wieder auf die 1- und 7-Uhr Position. Erleichtern Sie ihm dadurch das Finden des Eingangs. Nach drei bist fünf korrekten Wiederholungen stellen Sie die Stangen wieder in eine Linie.

10. BEINARBEIT

Ihre Aufgabe:
Verbessern Sie in dieser Übung die Beinarbeit Ihres Hundes. Falls der Hund den Slalom korrekt läuft, aber unterschiedliche Schrittfolgen um die Stangen anwendet, hilft Ihnen diese Anordnung, dem Hund zu vermitteln, schnell zu laufen und die Beinarbeit zu verbessern.

10.1 Sie benötigen für die Aufstellung ein dünnes Seil, etwas länger als der Slalom, einige kleine Pfähle oder Erdnägel, um das Seil zu befestigen und natürlich die kompletten 2er Sets. An der Schnur werden die Sets danach ausgerichtet.

10.2 Drehen Sie alle Sets auf die 2- und 8- Uhr-Position, um das Seil durch die Mitte zu führen. Befestigen Sie dieses am Anfang und am Ende des Slaloms, sodass es sicher und stramm auf dem Boden liegt.

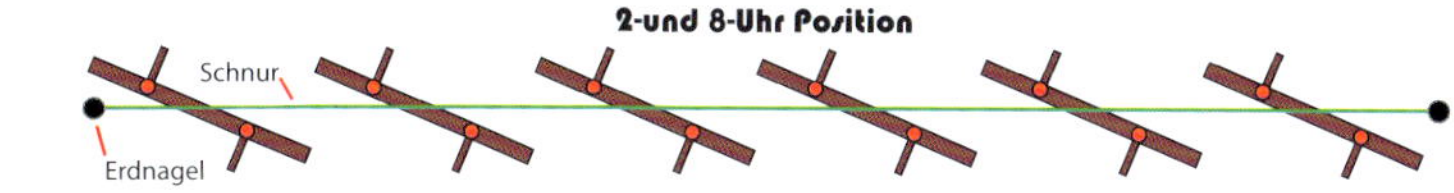

10.3 Drehen Sie anschließend alle Sets so, dass die Schnur die Stangen ganz leicht berührt.

10.4 Entfernen Sie die Erdnägel und die Schnur aus dem Slalom. Die einzelnen Sets haben jetzt alle den gleichen kleinen Winkel aus der Geraden.

10.5 Befestigen Sie die einzelnen Sets mit den Erdnägeln, damit sie sicher stehen, wenn der Hund mit hoher Geschwindigkeit durch den Slalom fetzt.

10.6 Trainieren Sie diese Anordnung, bis Sie mit der Geschwindigkeit und der Beinarbeit Ihres Hundes zufrieden sind. Danach stellen Sie den Slalom wieder in eine Gerade.

10.7 Üben Sie jetzt mit Ihrem Hund größere Anforderungen z. B. einen Sprung am Beginn des Slaloms, senkrecht zum Slalom, sodass der Hund mit höherer Geschwindigkeit auf diesen zuläuft.

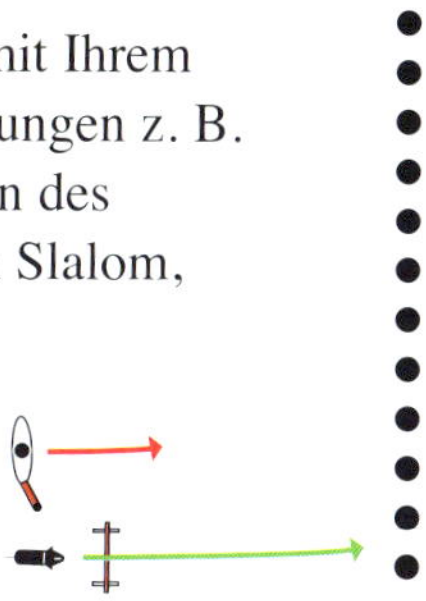

10.8 Führen Sie Ihren Hund in Versuchung, den Slalom frühzeitig zu verlassen, indem Sie einen Tunnel oder einen Sprung aufstellen.

10.9 Geben Sie Ihrem Hund die Sicherheit, indem Sie einen Hörlaut geben, z. B. »Brrrrr« oder klatschen, bis zum Ende des Slaloms. Niemals vorher damit aufhören, sonst springt Ihr Hund evtl. aus dem Slalom, weil er meint, er wäre zu Ende!

10.10 Öffnen Sie das erste Set ein wenig, wenn der Hund den Eingang verpasst.

10.11 Öffnen Sie das zweite Set, falls der Hund zu schnell auf den Slalomeingang trifft und von der ersten zur dritten Stange springt. Das erinnert Ihren Hund daran, dass er die zweite Stange auch noch umrunden muss.

10.12 Sie öffnen das letzte Set, wenn Ihr Hund Probleme mit dem Slalomausgang hat. Generell können Sie jedes Set verstellen (öffnen), wenn Ihr Hund an irgendeiner Stelle mehrmals Fehler macht.

Trainieren Sie einige Wiederholungen und schwierige Eingänge, bevor Sie alle Sets wieder in eine gerade Linie stellen. Sie müssen den Slalom und speziell die Eingänge immer wieder üben, damit der Hund dieses nicht verlernt.

Wenn Sie die zehn Lektionen intensiv durchgearbeitet haben, wird Ihr Hund den Slalom perfekt meistern. Sie müssen dabei konsequent und genau arbeiten sowie einige Zeit investieren. Es lohnt sich!

Schlussbetrachtung

Bei allem Bemühen und Kampf um noch schnellere Zeiten und noch bessere Läufe, wie sie in diesem Buch beschrieben wurden, darf eines niemals vergessen werden: Agility macht Spaß! Und zwar nicht nur dem Hundeführer, sondern auch dem Hund! Wenn etwas nicht klappt, werden Sie nicht ärgerlich, sondern atmen tief durch und versuchen Sie, die Situation zu analysieren. Was könnte der Grund für den Misserfolg sein? Gehen Sie wieder einen Schritt zurück bis zu der Stufe der Übung, die der Hund sicher beherrscht. Lassen Sie sich nicht unter Druck setzen – weder von Erwartungshaltungen anderer noch von Konkurrenzdenken oder falschem Ehrgeiz. Agility ist ein Sport, ein Spiel, und kein Krieg!

Das erfolgreiche Team von Hundeführer und Hund hat im Laufe der Trainingszeit und der absolvierten Turniere ein gegenseitiges Vertrauen aufgebaut, es bildet eine harmonische Einheit. Beide, sowohl der Hundeführer als auch der Hund, gehen mit großer Aufmerksamkeit, mit Motivation und Konzentration an die gestellten Prüfungen heran. Das Team zeichnet sich durch eine gute und korrekte Arbeit an den Hindernissen aus, es besitzt ein gutes Timing und ein schnelles Reaktionsvermögen.

Der Hundeführer besitzt eine gute Kondition und ist beweglich. Er ist merkfähig und hat ein gutes Gedächtnis. Er kann sich den Ablauf des aufgebauten Parcours gut einprägen, er verfügt über mentale Stärke und ist nicht nervös. Er zeichnet sich durch eine klare Führung sowie durch die konsequente Anwendung der Körpersprache und der korrekten Hand- und Hörzeichen aus.

Der Hund besitzt eine gute Gesundheit und das korrekte Gewicht für seine Rasse, das heißt er ist nicht zu dick.

Der ideale Agility-Hund ist schnell, motiviert und verfügt über eine gute Kondition. Er wurde vom Hundeführer in der Unterordnung, in der Führigkeit und im Verständnis für die Hindernisse und seinen Laufstil mit Geduld aufgebaut. Er spielt gern und ist aufmerksam, er hat Spaß und Freude an Agility, und muss nicht über die Hindernisse »geprügelt« werden.

Diese vorgenannten Fähigkeiten kommen nicht von ungefähr. Sie müssen im regelmäßigen Training erworben werden. Hierbei sind die Sequenzen und Kombinationen sowie die Schwierigkeiten zu trainieren. Je öfter dies geschieht, desto sicherer wird das Team im Parcours. Nur die konsequente Übung macht den Meister!

Ich wünsche Ihnen viel Geduld im Training, Durchhalten bei »Durststrecken«, stets eine gute Portion Spaß und viel Erfolg beim Turnier!